我的第一本

趣味数学书 2

高 宁◎编著

中国纺织出版社

内 容 提 要

数学，是研究数量、结构、变化、空间以及信息等概念的一门学科。学习数学，有助于培养我们严谨的治学精神，有助于挖掘我们的想象力和科学思维能力。

本书从生活中小朋友们关心的数学现象和问题出发，逐渐引入数学知识，激发读者小朋友们的联想力，并学会科学地思考，将数学知识运用到实际中去，相信阅读学习完本书，小朋友们会发现原来学习数学并不枯燥，相反，数学的乐趣自在其中。

图书在版编目（CIP）数据

我的第一本趣味数学书.2 / 高宁编著. --北京：中国纺织出版社，2020.5（2024.1重印）
ISBN 978-7-5180-5925-6

Ⅰ.①我… Ⅱ.①高… Ⅲ.①数学—青少年读物 Ⅳ.①01-49

中国版本图书馆CIP数据核字（2019）第024062号

责任编辑：闫 星　　责任校对：江思飞　　责任印制：储志伟

中国纺织出版社出版发行
地址：北京市朝阳区百子湾东里A407号楼　邮政编码：100124
销售电话：010-67004422　传真：010-87155801
http：//www.c-textilep.com
中国纺织出版社天猫旗舰店
官方微博http：//weibo.com/2119887771
永清县晔盛亚胶印有限公司印刷　各地新华书店经销
2020年5月第1版　2024年1月第3次印刷
开本：880×1230　1/32　印张：6.5
字数：118千字　定价：42.00元

前言
preface

亲爱的小读者朋友们：

你知道我国手机号为什么是11位数吗？

你知道什么是黄金分割点吗？

你知道蜜蜂蜂巢的设计为什么是规整的六边形吗？

你知道我国人民币面额为什么用1、2、5吗？

你了解高斯是谁吗？

你知道微积分是谁创立的吗？

为什么照相机用三脚架而不用四脚架呢？

……

这些知识都属于数学范畴。那么，到底什么是数学呢？

数学，是研究数量、结构、变化、空间以及信息等概念的一门学科，从某种角度看属于形式科学的一种。借用《数学简史》的话，数学就是研究集合上各种结构（关系）的科学。可见，数学是一门抽象的学科，而严谨的过程是数学抽象的关键。

然而，数学在人类历史发展和社会生活中发挥着不可替代的作用，也是学习和研究现代科学技术必不可少的基本工具。

那么，可能不少小读者会问，数学只是教科书上枯燥的加减乘除和抽象的概念吗？当然不是，其实数学就藏在我们的生活

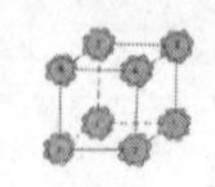

里，与我们的生活息息相关。譬如，人们购物后须记账，以便年终统计查询；去银行办理储蓄业务；查收各住户水电费用等，这些便利都是数学。此外，社区和机关大院门口的“推拉式自动伸缩门”，运动场跑道直道与弯道的平滑连接，底部不能靠近的建筑物高度的计算，隧道双向作业起点的确定，折扇的设计以及黄金分割等，也是数学的功劳。

可见，我们的生活离不开数学，我们在学习数学时，也要联系生活实际。这样你会发现，其实数学并不枯燥无味，而是趣味横生的。

接下来，让我们打开这本《我的第一本趣味数学书2》，一起来探索神奇又神秘的数学奥秘吧！

本书从小读者对于数学的疑问出发，引入各种看似简单却又包含着丰富知识的题目、有趣的数字问题、引人入胜的故事、有趣的难题，以及日常生活中的常识蕴含的数学知识，以充分激发小读者的兴趣，并且引导小读者把这些知识运用到生活中去，相信阅读学习完本书知识，你能对数学有新的认识。

编著者

2019年6月

目录
contents

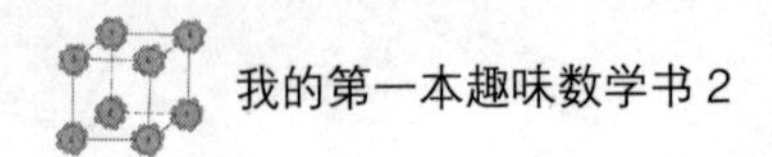

第01章

走进数学，看这些妙趣横生的数学现象

朋友们，不知道你是否留意过生活中的这些现象：我国人民币的面额为什么是1、2、5元，而不是3元呢？家里的门锁为什么固定在一个位置？我们用的手机号为什么是11位数？其实这些现象中都蕴含了一定的数学知识，的确，数学看起来枯燥无味，实际上与生活息息相关，妙趣横生。接下来，我们就带着这些问题来看看本章的知识。

人民币面额为什么是1、2、5元

这天下午放学后，菲菲与天天、妞妞几个人一起结伴回家，因为天气炎热，三人在半路上想买个冰激凌吃，可是身上的钱并不够，凑来凑去，只有5个一块钱，也就是5元钱，也只够买几瓶矿泉水，无奈，三人只好回家去。

晚上，天天问妈妈："妈妈，5个一块钱，就是五块钱，对吧？"

妈妈："是啊，没问题。"

天天："那我就可以用5个硬币换你的一个五块钱纸币。"

妈妈："嗯，是啊。"

天天："那2个就可以换两块的纸币。"

妈妈："现在2元的纸币已经基本上没有了，倒是有20元的。"

天天："那么，3元的还有吗？"

妈妈："那就更没有了。"

天天："这就奇怪了，为什么纸币都是1、2、5的呢？"

生活中的小朋友们都认识人民币，人民币是我国物品交换的

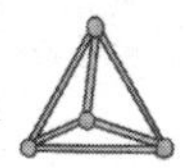

中介物，你需要买什么都离不了钱。我国现行流通使用的人民币共有12种面值100元、50元、10元、5元、2元、1元、5角、2角、1角、5分、2分、1分，所发行的人民币中，没有3、4、6、7、8、9这些数的面值，这是为什么呢?

原来，在1—10这10个自然数里，有“重要数”和“非重要数”两种，1、2、5、10就是重要数。用这几个数就能以最少的加减组成另一些数，如1+2=3、2+2=4、1+5=6、2+5=7、10−2=8、10−1=9，如将四个“重要数”中任何一个数用“非重要数”代替，那将出现有的数要两次以上的加减才能组成的现象。

我先拿元来打比方：我要买1元，2元，5元的物品可以用1张人民币；买3元的物品，可用1+2=3元，买4元的物品可以用2+2=4元，买6元的物品可用5+1=6元，买7元的可用5+2=7元，

这些只需用2张人民币；买8元的可用5+2+1=8元，买9元的可用5+2+2=9元。而且最多用二、三张人民币即可。

通过以上分析我总结出如下结论：1、2、5可以组成任何面值，采用1、2、5制度可以保证组成任何金额时都不会超过三张钞票，方便结算。

另外假如有6元币值的，那么它在组合里的使用概率是最低的，只有一次，就是浪费。

当然，其实在我国，是曾发行过三元人民币的。

据历史记载，三元人民币的发行时间是1955年3月1日，由于历史原因，于1964年5月15日停止收兑和流通，并进行回收，目前在市面上已经无法看到了。

中国人民币中的三元人民币中的第2套人民币，也就是井冈山钱币，是前苏联（全称：苏维埃社会主义共和国联盟）帮忙代印的。

第二套人民币中有一款面额十分特殊的人民币——深色的三元人民币，它是我国唯一一张面额为三元的人民币纸币。纸币整体颜色为淡绿色，整体上看比现在在市面上流通的人民币稍微大一些，在正面的两端，各有繁体三元字样，下面标着“1953年”，正上方为“中国人民银行”六字，中间是井冈山龙源口石桥图景，石桥周围的花边为深绿色，中间的底纹为黄色，纸币的背面图案是花纹和国徽，中间有汉、维、蒙、藏四种文字的“中国人民银行三元”字样。

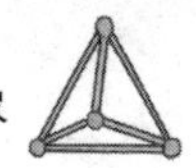

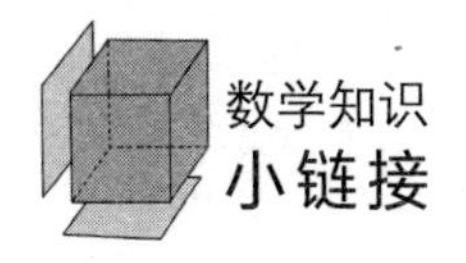

人民币面值之所以是1、2、5三种面值，要从经济学和统计概率的角度思考：

1.首先从组合概率来说，就是发行钱要能组合成任何一种数目的款数，像1、2、5就能组合成1到9的数值，其他数量级也是一样的道理。

2.经济成本来说：印钞成本和使用成本，光有第一个条件还不够，当你在组合里使用率不高就没有必要了，但币值太单一就造成使用不便抬高而使用成本，假如只造1元的，虽然能组合成任何数量，但很繁琐。

一点通——弄错小数点差异大

1967年8月23日，前苏联著名宇航员费拉迪米尔·科马洛夫一个人驾驶着“联盟一号”宇宙飞船返航。当飞船返回大气层后，科马洛夫无论怎么操作也无法使降落伞打开以减慢飞船的速度。地面指挥中心采取了一切可能的措施帮助排除故障，但都无济于事。经请示中央，决定将实况向全国人民公布。电视台的播音员以沉重的语调宣布：“‘联盟一号’飞船由于无法排除故

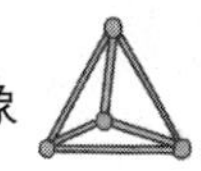

障，不能减速，两小时后将在着陆基地附近坠毁。我们将目睹宇航英雄科马洛夫遇难。”

“联盟一号”当时发生的一切，就是因为地面检查时，忽略了一个小数点。

因此，生活中的每个小培养，都要记住这一个小数点所酿成的大悲剧，并且要以更加严谨的态度对待学习和科学，以更加认真的态度对待工作和生活。

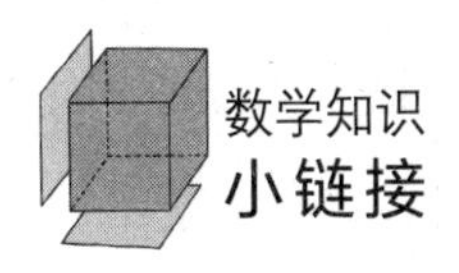

数学知识小链接

小数点的数学符号是“.”，用于在十进制中隔开整数部分和小数部分。小数点尽管小，但是作用极大，弄错小数点差异大，我们时刻都不可忽略这个小小的符号。

门锁安装在哪里——黄金分割点

美美隔壁邻居家的女儿小文今年才三岁，经常来美美家玩。

这天，小文又来了，她喜欢这儿跑那儿跑，在各个房间之间乱窜，而房间的门把手太高了，小文吵着开不开门，美美就不得不老为她开门、关门。

美美对爸爸说："爸爸，咱能不能把门锁的位置调低一点，这样好累啊。"

爸爸笑着说："门锁可不是说降低就能够降低的，门锁在固定的位置，是很有讲究的。"

美美有点纳闷儿，问："不就是一把锁吗，哪有什么讲究？"

爸爸回答说："当然了，这符合数学上的黄金分割点呢。"

那么，什么是黄金分割点呢？

黄金分割点是指把一条线段分割为两部分，使其中一部分与全长之比等于另一部分与这部分之比，其比值是一个无理数，用分数表示为（$\sqrt{5}-1$）/2，取其前三位数字的近似值是0.618。由于按此比例设计的造型十分美丽，因此称为黄金分割，也称为

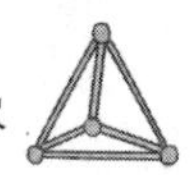

中外比。这个分割点就叫做黄金分割点（golden section ratio，通常用Φ表示），这是一个十分有趣的数字，我们以0.618来近似表示，通过简单的计算就可以发现：（1-0.618）/ 0.618≈0.618，即一条线段上有两个黄金分割点。

公元前6世纪，古希腊毕达哥拉斯学派研究过正五边形和正十边形的作图方法，因此现代数学家们推断当时该学派已触及甚至掌握了“黄金分割法”。

公元前4世纪，古希腊数学家欧多克索斯，第一个系统地研究了该问题，并建立起该理论。所谓“黄金分割”，指的是把长为 L 的线段分为两段，使其中比较长的一段对于全部之比，等于短的一段对于该长段之比而计算黄金分割近似值的

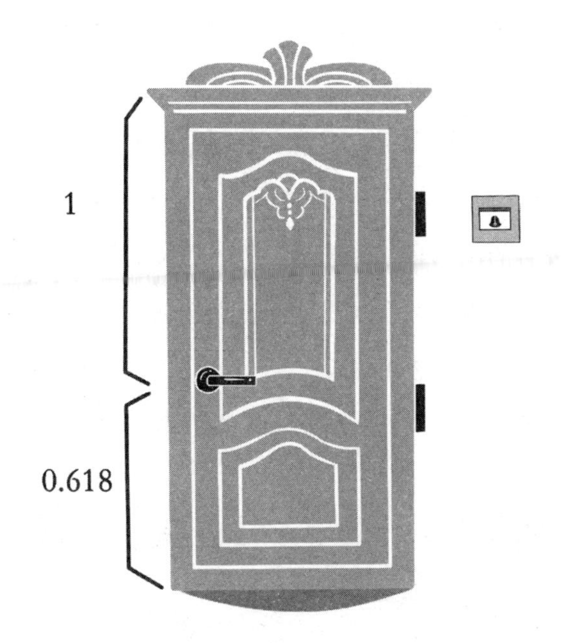

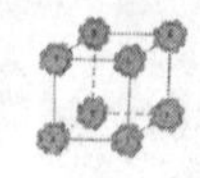

最简单的方法，是计算斐波那契数列中的：1，1，2，3，5，8，13，21……，后两个相邻数之比值：2/3，3/5，5/8，8/13，13/21，……越靠后会越来越逼近0.618。

黄金分割在文艺复兴前后，经过阿拉伯人传入欧洲，受到了欧洲人的欢迎，他们称之为“金法”，17世纪欧洲的一位数学家，甚至称它为“各种算法中最可宝贵的算法’。这种算法在印度称之为“三率法”或“三数法则”，也就是我们现在常说的“比例方法”。

公元前300年前后，欧几里得撰写《几何原本》时吸收了欧多克索斯的研究成果，进一步系统地论述了黄金分割，成为最早的有关“黄金分割”的论著。中世纪后，黄金分割被披上神秘的外衣，意大利数学家帕乔利称“中外比”为“神圣比例”，并专门为此著书立说。德国天文学家开普勒称“黄金分割”为“神圣分割”。到了19世纪，“黄金分割”这一名称才逐渐通行。“黄金分割数”有许多有趣的性质，人类对它的实际应用也很广泛：最著名的例子是“优选学”中的“黄金分割法”（或称为“0.618法”），是由美国数学家基弗于1953年首先提出的，70年代由华罗庚提倡在中国推广。

最完美的人体：肚脐到脚底的距离/头顶到脚底的距离=0.618；

最漂亮的脸庞：眉毛到脖子的距离/头顶到脖子的距离=0.618；

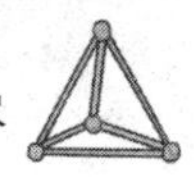

从经验来看，在企业经营管理中，资产负债率（即负债总额除资产总额）应以黄金分割点为临界点，如果高于这个点就可能面临较大经营风险（当然像银行这类企业可以例外），目前正在进行科学论证中。

这个数值的作用不仅仅体现在诸如绘画、雕塑、音乐、建筑等艺术领域，而且在管理、工程设计等方面也有着不可忽视的作用。

一个很能说明问题的例子是五角星/正五边形。五角星是非常美丽的，我们的国旗上就有五颗，还有不少国家的国旗也用五角星，这是为什么？因为在五角星中可以找到的所有线段之间的长度关系都是符合黄金分割比的。正五边形对角线连满后出现的所有三角形，都是黄金分割三角形。由于五角星的顶角是36度，这样也可以得出黄金分割的数值为2Sin18°。

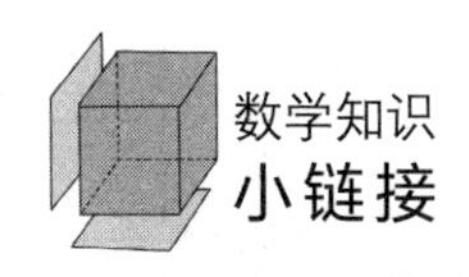

黄金分割是一种数学上的比例关系。黄金分割具有严格的比例性、艺术性、和谐性，蕴藏着丰富的美学价值。应用时一般取0.618（就像圆周率在应用时常取3.14近似计值一样），并且人们认为符合这一比例的结构，会显得更美、更好看、更协调。在生活中，对“黄金分割”有着很多的应用。

一模一样——数学中的对称美

一天傍晚，蕾蕾一回家就发现妈妈在给爸爸整理身上穿的衣服，蕾蕾这才注意到，爸爸今天真帅——一身笔挺的西装，干净的浅色衬衫。

“回来了啊，爸爸晚上要去参加公司举办的宴会，所以就不在家吃饭了啊。”

“知道，看您这身打扮就看出来了。不过，您这是不是缺了什么？”

“还有领带呢。”爸爸说。

“不，是领结，领带显得太正式了。”妈妈补充道。说完，妈妈就从卧室拿来了领结，然后给爸爸带上。随后，爸爸照了照镜子，说：“好像不对称啊。”

听爸爸这么说，妈妈又给他整理了下：“这下对称了。”

蕾蕾不解地问：“为啥非要对称呢？”

“对称才和谐，才更美啊。”爸爸妈妈一起回答。

生活中处处有数学，数学中处处存在美。数的美，形的美，

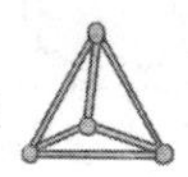

对称的美……其中对称是自然界中一种普遍存在的而且又奇妙有趣的现象，对称是种美，它能给人以整齐、沉静、稳重、和谐的感觉。

对称，指物体或图形在某种变换条件（例如绕直线的旋转、对于平面的反映，等等）下，其相同部分间有规律重复的现象，亦即在一定变换条件下的不变现象。对称属于均衡，越均衡的东西越接近对称。对称给人以稳固踏实的感觉，是一种和谐的美，对称最常见的就是人的五官。其实我国从古代开始就已经发掘出了对称美，比如说中国古典建筑，天安门、故宫、紫禁城等，其

中最典型的要属故宫了。大家都知道故宫的中心其实就是整个北京城的中心，古人通过复杂的手法和宏伟的建筑诠释了他们对对称美的理解。再比如古时的物品，如陶器、瓷器以及服饰等，大都遵循着对称这一理念，可以说古代的中国把对称美发挥到了极致。当然现代生活中也处处存在着对称美，比如一些家装，运用

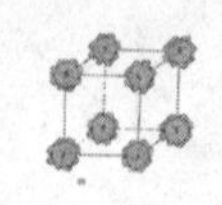

了对称手法后就给以人稳定感，使人感受到一种和谐之美。数学中的对称是美学的基本法则之一，数学中众多的轴对称、中心对称图形，幻方、数阵以及等量关系都具有平衡、协调的对称美。

对称是普遍存在的一个问题，对称现象在自然界和我们日常生活中都很常见，如蝴蝶、花冠等动植物的形体以及一些建筑、用具和器皿，都常呈对称的图形。对称的图形必须由两个以上的相同的部分组成。但是，只具有相同的部分还不一定是对称的图形。对称的图形还必须符合另一个条件，即这些相同的部分通过一定的操作（如旋转、反映、反伸）彼此可以重合起来，使图形恢复原来的形象。换句话说也就是图形内部必须存在一个对称中心、对称轴或对称面。

仔细想想，如果大自然中没有对称会是什么样子呢？如果动物左右肢长的不一样，人不是左右对称，只有一只眼睛、一只耳朵和半张脸……这样的世界是很难想象的。

我们人类也具有独一无二的对称美，所以人们往往以是否符合“对称性”去审视大自然，并且创造了许许多多的具有“对称性”美的艺术品：如服饰、雕塑和建筑物等。

对称美贯穿于数学的方方面面，数学的研究对象是数、形、式，数的美、形的美、式的美，随处可见。它的表现形式，不仅有对称美，还有比例美、和谐美，甚至数学的本身也存在着题目美、解法美和结论美。

对称是数学上重要的概念之一，我们学习数学，就如同进入

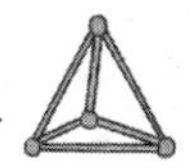

了一个有趣的世界，呈现眼前的是数、形变幻的奇妙景观，看似枯燥乏味的数字如一个美丽的符号，在为你做精彩的表演，一个个抽象的数学式背后掩藏的是深奥有趣的数学故事，千变万化的数学公式展示了数学迷宫的绚丽多彩。

美妙的数学，有的令你着迷，有的令你大吃一惊，有的令你拍案叫绝，有的令你惊讶感叹……走进数学世界，就像进入一个海洋世界，那里不是黑暗，而是各种斑斓多彩的景象。

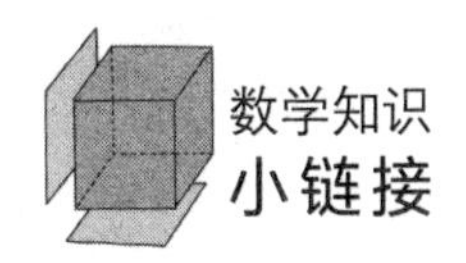

数学知识小链接

在数学中，对称是一个使用范围非常广的词语，也是美学的基本法则之一，指物体或图形在某种变换条件下，比如，绕直线的旋转、对于平面的反映等，其相同部分间有规律重复的现象，即在一定变换条件下的不变现象。

我国手机号码为什么是11位

小新又转学了，因为他的妈妈工作地点不稳定，需要经常调动，而他的爸爸是名军人，更是没时间照顾他。经常转学让小新很苦恼，每到一个新地方，他刚交到朋友，就要分离。所以，久而久之，小新宁愿不交朋友，自己上学放学。

小新的妈妈发现儿子最近好像孤僻了，所以决定找个机会与儿子谈谈。

这天晚饭后，妈妈说："小新，最近在学校怎么样？跟同学们处的如何？"

"还行吧，就那样。"小新答。

看得出儿子话语中带着不痛快，妈妈安慰道："我知道，都是妈妈的原因，让你跟着我漂泊，但是如果你想念以前的朋友，妈妈可以抽时间带你回去看他们。"妈妈语重心长地说。

"真的吗？"小新雀跃起来。

"是真的。"

"我很想王小文，还是三年级的那个同学，去过咱们家。"

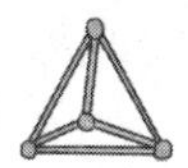

“嗯，另外，其实你们可以经常通电话啊，现在通讯这么发达，经常通电话能联络同学情谊呢。以前我们读书时候，很少打电话，都是写信，太慢了。你有他的电话号码吗？”

“他给了我一个他妈妈的手机号，在我笔记本上，你看看。”小新迅速跑回房间，拿出笔记本。

妈妈看了看笔记本，然后说：“你这不对啊，电话号码都是11位数，你这怎么是12位，肯定你记错了。”

“啊？那怎么办啊，难道我联系不上王小文了吗？”小新差点急哭了。

“没事，你看，你这倒数最后两位数是相同的，应该是写重复了，这样，你晚上打个电话去问问，就知道有没有打错了。”

果然，妈妈的猜测是对的，小新用电话联系上了他以前的玩伴。

生活中，几乎是人手一部手机，有手机就有手机号码，我们中国的手机号码目前是11位，是世界上最长的电话号码，那么，为什么是11位呢？

因为一个11位数的组合数是一个最小的12位数，一共有千亿个号码。而且即便除去头两位的“13”剩下9位数，而一个9位数的组合数是一个最小的10位数，也就是从13000000000到13999999999一共可以容纳10亿个不同的号码，中国10来亿人，电话普及率还没达到100%吧，所以完全够用。即便到未来普及率到100%或者一人两个电话的时候，我们把首位的“1”固定下来，第二位换一个数字就又增加10亿个号码的容量。

既然对于我们这个人口大国来说这点电话号码就够用了，那么世界上还有哪个国家有我们的人口多？所以他们都没有这么长的电话号码。

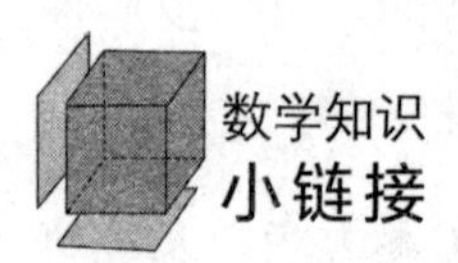

电话号码是电话管理部门为电话机设定的号码。一般由7-8位数组成（手机号码为11位），早期有过5-6位的情况。

企业、集团、厂矿、事业单位等为固定电话或移动电话等内部通信所设定的指定号码，长度一般为4-8位，也相当于每个电话的编号、名字。

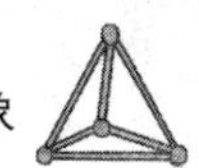

古代人如何计时——沙漏

这天放学后，妞妞兴高采烈地回来了。

妈妈："什么事这么开心呀，闺女？"

妞妞："我们班今天来了个新同学，老师安排我跟她做同桌，结果她送了我一个礼物。你看。"妞妞高高举起手中的礼物——一个沙漏。

"哇，真的挺漂亮的，你同学可真送对了礼物啊，你好像一直挺想要个沙漏的。"

"是啊，而且听说沙漏可以拿来计时是吗？"

"嗯，古代没有手机、时钟，就是用沙漏来计时的。"

西方发现最早的沙漏大约在公元1100年，比我国的沙漏出现要晚。我国的沙漏也是古代一种计量时间的仪器。沙漏的制造原理与漏刻大体相同，它是根据流沙从一个容器漏到另一个容器的时间来计量时间。这种采用流沙代替水的方法，是因为我国北方冬天空气寒冷，水容易结冰。

沙漏据说是亚历山大于三世纪发明的，在那里他们有时会随身携带，就像今天人们随身携带的手表。据推测，它在12世纪，与指南针的出现同时，作为夜间海上航行的仪器被发明（白天，水手们可以根据太阳的高度来估算时间）。具有确切证据的发现是早于14世纪，最早的沙漏是一个合适的政府于1338年壁画的寓言安布洛伦泽蒂中出现的书面记录同期提到沙漏，它出现在名单船舶商店。现存的最早的记录是英语船舶“香格里拉乔治”上的文员托马斯Stetesham在1345年的销售收据。

从15世纪起，沙漏在海上，在教堂里，在工业上和烹饪中被广泛应用。麦哲伦世界各地的航行期间，他的每艘船保持18沙漏。在船舶的文书工作中，运行沙漏从而为船舶的日志提供时间。

在耶稣会士进入中国大陆之前，居住在澳门的外国商人和传教士已将中世纪欧洲钟携至澳门。耶稣会士罗明坚（Michal Rvggier，1543~1607）和利玛窦（Matteo Ricci，1552~1610）分别于1581、1582年来华，他们不仅携带钟，而且有钟表修理匠随行。欧洲人普遍使用的沙漏、水钟（即水日晷）和重锤驱动的自鸣钟同时传入中国。沙漏传入中国后，曾在航海上用作计时器。乾隆二十三年（1758年），周煌撰《琉球国志略》，言及从福州开船到琉球，船行“一更为六十里”，并用沙漏计时，“每二漏半有零为一更”。

中国古代发明一种类似的东西叫做“漏刻”，也叫漏壶。

漏刻最早记载见于《周礼》。已出土的最古漏刻为西汉遗

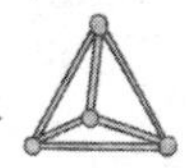

物，共3件，在河北满城、内蒙古伊克昭盟和陕西兴平发现。比较完整的传世漏刻有两件，均为受水型。藏于北京历史博物馆的是元代延佑三年（1316）造的；藏于北京故宫博物院的是清代制造的。

中国古史中有影响的沙漏记载见于1360年的元代，大书法家詹希元创造的五轮沙漏。詹希元认为仅让两个沙斗之间的流沙来计时似乎太简单了。他创制的五轮沙漏增加了机械齿轮组，用流沙的动力推动齿轮组转动。这样的沙漏设有时刻盘，上面刻有一天的时刻，相当于当今时钟的钟面，时刻盘中心有一根指针，指针由最后一级齿轮的轴转动，齿轮转动使指针在时刻盘上指示时刻。詹希元还巧妙地在中轮上添加了一组机械传动装置，这些机械装置能使五轮沙漏上的两个小木人每到整时转出来击鼓报时。

我们看到，詹希元的五轮沙漏计时器的结构原理和现代钟表的结构原理几乎完全相同。但是詹希元生不逢时，这样先进的计时器问世8年，元朝就灭亡了，明朝的皇帝朱元璋也忙于权力斗争，同样不可能去支持民间科技的发展。这为后来我国的计时器落后于西方埋下了种子。

沙漏的方便之处是上下两个沙斗可互相倒过来使用。沙漏

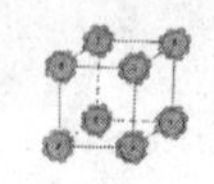

也有难于解决的缺点，沙砾流动时易堵塞，不过古时西方的沙漏用沙有一个秘方可解此弊：他们先用大理石的粉屑放在酒中煮过九次，撇去浮沫放在阳光下晒干后使用可不使沙漏堵塞。但是沙漏计时的准确性毕竟比滴水漏刻差，故使用没有滴水漏刻那样普遍。此外，沙漏须用玻璃容器才能看清沙存量的多少，中国的沙漏大多是用陶器，不能看清存沙量的多少，这也可能是沙漏在中国没有像西方国家那样普及的原因之一。

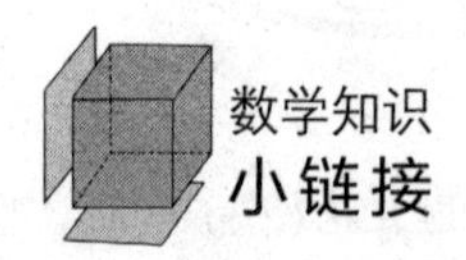

沙漏也叫做沙钟，是一种测量时间的装置。西方沙漏由两个玻璃球和一个狭窄的连接管道组成的。通过充满了沙子的玻璃球从上面穿过狭窄的管道流入底部玻璃球所需要的时间来对时间进行测量。一旦所有的沙子都已流到底部玻璃球，该沙漏可以被颠倒以测量时间了，一般的沙漏有一个名义上的运行时间1分钟。

第02章
动植物也懂数学，大自然中的数学天才

数学是人类创造的一个学科。如果有人对你说，有许多动物也“精通数学”，你一定会感到很奇怪。事实上，大自然中确实有许多奇妙的动物“数学家”，比如蛇在爬行时的路线就是一个正弦函数；丹顶鹤在迁徙时总是成群结队，并排成“人”字形，角度保持在110°；蜜蜂蜂房是设计成一个严格的正六角形；珊瑚虫还在自己的身上记下日历……或许是“不谋而合”，或许是一种“默契”，但我们不得不惊叹大自然的神奇力量，接下来就让我们带着好奇心来进入本章的学习。

天才设计师——蜜蜂蜂房的严格设计

五一节到了，班上同学约好了一起出门郊游。

这天天气很好，阳光灿烂，同学们来到郊外，迅速被这片美丽的油菜花吸引住了。

老师拿出相机，正准备拍时，有同学发现远处还有一处养蜂的地方，然后大家都赶过去了。有细心的同学发现，蜜蜂筑的蜂巢很独特，就问老师："老师，你看，蜜蜂蜂房的形状好规整啊，它们是怎么做到的呢？"

"蜜蜂难道和人类一样懂得数据和设计吗？"有位同学补充道。

"蜜蜂不懂这些，但它们确实是自然界的天才设计师……"

有人说，蜂是宇宙间最令人敬佩的建筑专家，它们凭借上帝所赐的天赋本能，采用"经济原理"——用最少材料（蜂蜡），建造最大的空间（蜂房）——来造蜜蜂的家。

正六角形的建筑结构，密合度最高、所需材料最少、可使用空间最大，其致密的结构，各方受力大小均等，且容易将受力分

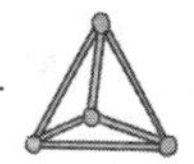

散，所能承受的冲击也比其他结构大。

当代著名生物学家达尔文（Darwin，1809–1882）说：“如果一个人在观赏精密细致的蜂巢后，而不知加以赞扬，那人一定是个糊涂虫。”古希腊数学家帕普斯（Pappus of Alexandria，300~350BC）对蜂巢精巧奇妙的结构，作了细微的观察与研究。他在《数学汇编》（Mathematical Collection）著作中写道：“蜂巢到处是等边、等角的正多边形图案，非常匀称规则。”

历史上，蜜蜂的智慧也引起了著名天文学家克普勒（Kepler）的思考：“这种充满空间对称的蜂巢的角，应该和菱形十二面体的角一样。每个正六棱柱状蜂巢的底，都是由三个全等的菱形拼成的，而且每个菱形的钝角都等于109°29′，锐角都等于70°32′。”

十八世纪初，法国科学家雷安姆氏（Rene de Reaumur，1683–1757）猜测：“用这样的角度建造起来的蜂巢，一定是相同容积中最省材料的建构法。”

达尔文赞叹蜜蜂的巢房是自然界最令人惊讶的神奇建筑。巢房是由一个个正六角形的中空柱撞房室，背对背对称排列组成。六角形房室之间相互平行，每一间房室的距离都相等。每一个巢房的建筑，都是以中间为基础向两侧水平展开，从其房室底部至开口处有13° 的仰角，是为了避免存蜜的流出。

另一侧的房室底部与这一面的底部又相互接合，由三个全等的菱形组成。此外，巢房的每间房室的六面隔墙宽度完全相同，两墙之间所夹呈的角度正好是120°，形成一个完美的几何图形。人们总是疑问，蜜蜂巢室为什么不呈三角形、正方形或其他形状呢？隔墙为什麼呈平面，而不是呈曲面呢？

其实，早在西元前180年，古希腊数学家Zenodorus就证明出：

（1）周长固定的n边形，以正n边形的面积最大。而且n越大，面积越大。

（2）周长固定时，圆面积大于所有正多边形。

古埃及人也早就知道，唯有正三角形、正方形、正六边形，能各自铺成一平面。

1712年瑞士数学家Samuel Konig 在博物学家Reaumur的请托下，证明出：给定正六角柱，底部由三个全等菱形组成，最省材料的做法是，菱形两邻角分别是109°26′ 和70°34′，如此在固定容积下，可有最小表面积。而蜜蜂巢室底部的菱形两邻角分别是109°28′ 和70°32′，和Samuel Konig的理论证明结果仅差2'而已。

（1999年9月）加拿大《环球邮报》科学记者德服林撰文报道说："经过1600年努力，数学家终于证明蜜蜂是世界上工作效率最高的建筑者。"美国数学家黑尔宣称，他已解决"蜂窝猜想"。四世纪古希腊数学家贝波司提出，蜂窝的优美形状，是自然界最有效经济的建筑代表。他猜想，人们所见到的截面呈六边形的蜂窝，是蜜蜂采用最少量的蜂蜡建造成的。他的这一猜想被称为"蜂窝猜想"，但这一猜想直至1999年才由黑尔证明。

虽然蜂窝是一个立体建筑，但每一个蜂巢都是六面柱体，而

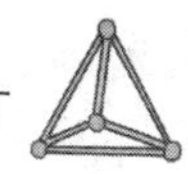

蜂蜡墙的总面积仅与蜂巢的截面有关。由此引出一个数学问题，即“寻找面积最大、周长最小的平面图形”。西元1943年，匈牙利数学家陶斯巧妙地证明，在所有首尾相连的正多边形中，正多边形的周长是最小的。但如果多边形的边是曲线时，会发生什么情况呢？陶斯认为，正六边形与其他任何形状的图形相比，它的周长最小，但他不能证明这一点。而黑尔在考虑了周边是曲线时，无论是曲线向外突，还是向内凹，都证明了由许多正六边形组成的图形周长最小。

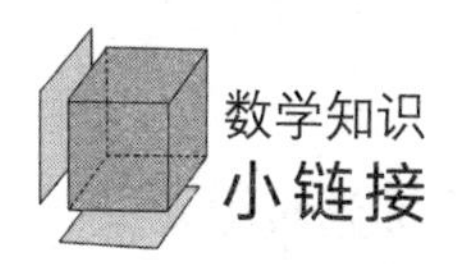

蜜蜂蜂房是严格的六角柱状体，它的一端是平整的六角形开口，另一端是封闭的六角菱锥形的底，由三个相同的菱形组成。组成底盘的菱形的钝角为109°28′，所有的锐角为70°32′，这样既坚固又省料。蜂房的巢壁厚0.073毫米，误差极小。

珊瑚虫——在自己的身上记下日历

小新和小兰经常一起讨论数学问题。

这天，他们在小区公园里看到了年轮，并数了数，发现有棵被砍的大树有50几岁了。

回到学校后，小新问老师："老师，除了年轮这种记录植物成长时间的方法外，自然界还有什么其他办法吗？"

"有啊，有'年轮'就有'日轮'。"

"'日轮'？是按照一天一天来计算的吗？"小新继续问。

"是啊，不过'日轮'不是记录地面植物的年龄，而是记录海洋中珊瑚虫的年龄。"老师解释道。

"珊瑚虫？珊瑚虫是什么？"小新更好奇了。

说到海底世界里的珊瑚虫，大家一般都会直接联想到它们的分泌物——五光十色的珊瑚。其实珊瑚虫不光会生产"美丽"，还是聪明的"计数天才"呢。出于对水温、光线和水流速度等外部环境的感应，它们会在自己身体上"刻画"出365条环形花纹，很显然，这个数字刚好与每年的天数吻合。也就是说，它

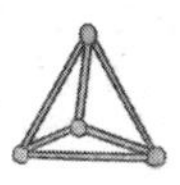

是每天标画1条“记号”。我们知道，树木在自己身上记下的是“年轮”，而珊瑚虫记下的是更精细的“日历”。生物学家们可以根据其刻画的环形花纹，来判断它们的年龄。

奇怪的是，生物学家发现3.5亿年前的珊瑚虫每年“画”出来的环形花纹居然是400条。难道珊瑚虫记录的“日历”只是惊人的巧合而已？天文学家的研究结果证明，当时地球1天只有21.8小时，1年不是365天，而是400天。珊瑚虫记录“日历”的本领，看来真是名不虚传啊！

接下来，我们来了解一下珊瑚虫，珊瑚纲中多类生物的统称。身体呈圆筒状，有八个或八个以上的触手，触手中央有口。多群居，结合成一个群体，形状像树枝，其骨骼叫珊瑚。珊瑚产在热带海中，珊瑚虫种类很多，是海底花园的建设者之一。它的建筑材料是它外胚层的细胞所分泌的石灰质物质，建造的各种各样美丽的建筑物则是珊瑚虫身体的一个组成部分——外骨骼。平

时能看到的珊瑚便是珊瑚虫死后留下的骨骼。

珊瑚虫身微小，口周围长着许多小触手，用来捕获海洋中的微小生物。它们能够吸收海水中的矿物质来建造外壳，以保护身体。

珊瑚虫只有水螅型的个体，呈中空的圆柱形，下端附着在物体的表面上，顶端有口，围以一全圈或多圈触手。触手用以收集食物，可作一定程度的伸展，上有特化的细胞（刺细胞），刺细胞受刺激时翻出刺丝囊，以刺丝麻痹猎物。软珊瑚、角质珊瑚及蓝珊瑚为群体生活。群体中的每个水螅体各有8条触手，胃循环腔内有8个隔膜，其中6个隔膜的纤毛用以将水流引入胃循环腔，另两个隔膜的纤毛用以将水引出胃循环腔。骨骼为内骨骼。

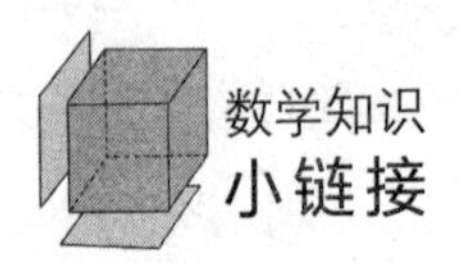

在自然界，有很多的“数学天才”，但真正的“数学天才”是珊瑚虫。珊瑚虫在自己的身上记下“日历”，它们每年在自己的体壁上“刻画”出365条斑纹，显然是一天“画”一条。奇怪的是，古生物学家发现3亿5千万年前的珊瑚虫每年“画”出400幅“水彩画”。天文学家告诉我们，当时地球一天仅21.9小时，一年不是365天，而是400天。

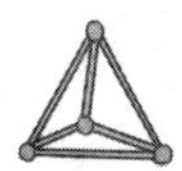

数学专家——神算子蚂蚁

星期六下午，小兵和小奇两个人踢完球后买了些零食就坐在足球场旁边吃起来。小兵一不小心，将一块鸡翅掉到了地上，他也没捡起来丢垃圾桶，然后两人继续说笑着。

过了一会儿，小奇突然说："你看，有蚂蚁。"

小兵说："你看它们也是吃货呢，我掉了的鸡翅，它们也爱吃，哈哈。"

小奇："话说，它们力气真不小，那么大块鸡翅，它们身体那么小，怎么搬得动？看来它们才是大力士啊。"

小兵："是啊，蚂蚁不仅是大力士，还是数学专家呢？"

小奇："这话怎么说？"

小兵："蚂蚁有着出色的计算能力，曾经，英国科学家亨斯顿做过一个有趣的实验……"

昆虫学家认为，蚂蚁是一种高级社团性昆虫，具有一种类似人的灵敏性和感情性的本能。

毫不起眼的蚂蚁的计算本领也十分高超，英国科学家亨斯

顿做过一个有趣的实验：他把一只死蚱蜢切成三块，第二块比第一块大一倍，第三块比第二块大一倍，在蚁群发现这三块食物40分钟后，聚集在最小一块蚱蜢处的蚂蚁有28只，第二块有44只，第三块有89 只，后一组差不多都较前一组多一倍，看来蚂蚁的乘、除法算得相当不错。

蚂蚁也是动物世界赫赫有名的建筑师。它们利用颚部在地面上挖洞，通过一粒一粒搬运沙土，建造它们的蚁穴。蚁穴的“房间”将一直保持建造之初的形态，除非土壤严重干化。蚂蚁研究专家沃尔特·奇尔盖尔对蚁穴进行建模。他将液态金属、石腊或者正畸石膏灌入蚁穴，凝固定型之后挖出。他说：“你可以得到一个深入地下的结构。”根据他的观察，最靠近地表的区域蚁室最多，深度越深，蚁室越少，面积也越小。他说：“为了做到这一点，蚂蚁必须了解它们相对于地面的深度。”但它们如何“施工”仍旧是一个谜。

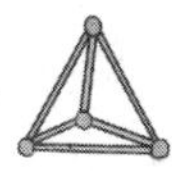

总之，在大自然中，许多动物的“数学才能”着实令人称奇，而且它们的作品犹如艺术珍品，美不胜收。

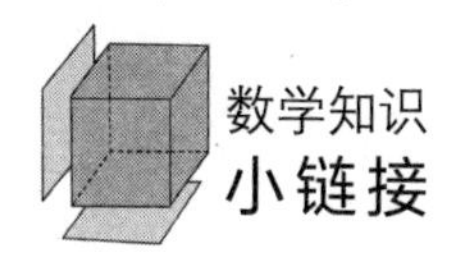

蜘蛛也是一位“作图”专家。它用吐出的丝结成的“八卦”形网，的确巧夺天工，这种八角形几何图案，不但结构复杂而且造型美丽，由中心向外辐射的两条相邻半径间的两段蛛丝，都是彼此平行的。此外，每一向横条蛛丝，与主要辐射向外的蛛丝相交所成的角度都相等，即使用尺子和圆规，画图高手也难以画出像蜘蛛网这样匀称的图案，真是令人叹为观止。

精确的角度——美丽的丹顶鹤

小丫有个爱好——观察鸟类，不仅在生活中，她喜欢观察，她还有本鸟类大全，书中介绍了各种鸟的外观、生活习性。最近，她迷上了东北本地的一种鹤——丹顶鹤。

这天，她的小伙伴小林来家里玩，小丫拿出了书，为小林讲解丹顶鹤这种鸟类，谁知道，还没开始说，小林看着图片就发出疑问："这种鸟怎么飞行时也是'人'字形呢，是不是和候鸟大雁一样啊？"

"当然不是了，丹顶鹤是鹤类，不是鸟类，飞行时通常都是排成"人字"形队伍，角度一般保持在110度左右，这是因为……"

丹顶鹤，是鹤类中的一种，大型涉禽，体长120~160厘米。颈、脚较长，通体大多为白色，头顶鲜红色，喉和颈黑色，耳至头枕白色，脚黑色，站立时颈、尾部飞羽和脚黑色，头顶红色，其余全为白色；飞翔时仅次级和三级飞羽以及颈、脚黑色，其余全为白色，特征极明显，极易识别。幼鸟头、颈棕褐色，体羽白色而缀栗色。常成对或成家族群和小群活动。迁徙季节和冬季，

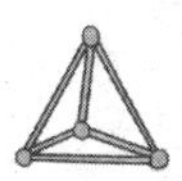

常由数个或数十个家族群结成较大的群体。有时集群多达40~50只，甚至100多只。但活动时仍在一定区域内分散成小群或家族群活动。夜间多栖息于四周环水的浅滩上或苇塘边，主要以鱼、虾、水生昆虫、软体动物、蝌蚪、沙蚕、蛤蜊、钉螺以及水生植物的茎、叶、块根、球茎和果实为食。分布于中国东北、蒙古东部、俄罗斯乌苏里江东岸、朝鲜、韩国和日本北海道。

丹顶鹤在中国历史上被公认为一等的文禽。明朝和清朝给丹顶鹤赋予了忠贞清正、品德高尚的文化内涵。文官的补服，一品文官绣丹顶鹤，把它列为仅次于皇家专用的龙凤的重要标识，因而人们也称鹤为“一品鸟”。

丹顶鹤总是成群结队迁飞，而且排成“人”字形。“人”字形的角度是110°，更精确地计算还表明“人”字形夹角的一半——即每边与鹤群前进方向的夹角为54°44′8″，而金刚石结晶

体的角度正好也是54°44′8″!

那么，为什么丹顶鹤集体飞行时角度呈110°？因为能够给天敌以一种威慑力量，同时将信号方便地传达给这个迁飞集体中的每一个成员，从而增加滑翔时间，而且显得团结。“人”字形的编队不但充满美感，这种编队有利于及时发现因体力不支而掉队的伙伴；同时，确保迁飞的安全，“人”字形的编队能够增进鸟与鸟之间的“交流”，领头的丹顶鹤发出的有关信息和命令，使年幼的、生病的、体弱的节约体能；其次，这种形状的飞行可以让丹顶鹤利用彼此间的翅膀在摆动时所产生的上升气流，让天敌不敢轻易发起进攻，使其望而生畏，年老的丹顶鹤也因此得到大家的帮助和鼓励。

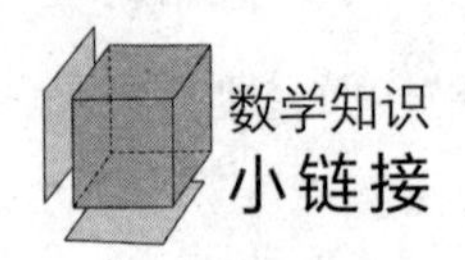

入秋后，丹顶鹤从东北繁殖地迁飞南方越冬。只有在日本北海道当地的留鸟，不进行迁徙，这可能与冬季当地人有组织的投喂食物，食物来源充足有关。

迁徙时，丹顶鹤总是成群结队迁飞，而且排成“人”字形。“人”字形的角度是110°。更精确的计算还表明“人”字形夹角的一半——即每边与鹤群前进方向的夹角为54°44′8″（与金刚石结晶体的角度相同）。

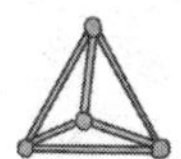

蜘蛛八卦网——匀称的几何图案

最近，《蜘蛛侠3》上映了，这可是瑶瑶的最爱。所以，她央求妈妈买了票，全家人准备周末一起去看。

周末晚上，《蜘蛛侠3》看完后，瑶瑶在回来的路上，对电影中的视觉效果赞不绝口。

过了会儿，瑶瑶问爸爸："你说，蜘蛛侠身上用的那个蛛丝是怎么演的？"

爸爸："肯定是用电脑特效吧。"

瑶瑶继续问："那现实生活中的蜘蛛呢，又是怎么结网的啊？"

爸爸说："现实中的蜘蛛可以说是数学专家呢，它们结的网都是匀称的八卦图形哟。"

的确，作为蜘蛛，都有个"绝活"，它能织出极其规则的蛛网，并且还是规则的八卦图形。

一位科学家对蜘蛛已经有了二十多年的研究，他说："这是一个很有趣的事情，因为它看起来似乎没有任何道理，你看不出

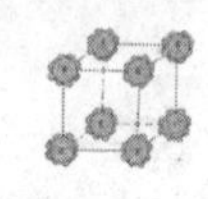

对称网的任何优势，然而这却是蜘蛛的一种进化。”他还表示这不可能是进化中的偶然性，恰好使这些蜘蛛具备了这种测量的能力，这种进化肯定有一个原因，只是目前我们还不知道而已。

有位专家经过仔细计算发现，蛛丝的强度竟相当于同样体积的钢丝的5倍。蜘蛛结好网后，便伏在网的中央“守株待兔”——等待飞虫自投罗网。一张小叶片、一枝细细的枯梗，落到蛛网上了，只见蜘蛛振颤一下，便不动了；可是，一只漫不经心的飞虫撞到了网上，蜘蛛便“兴冲冲”地爬了过去，喷出粘丝把猎物捆起来，用毒牙将它麻醉，待猎物组织化成液体后，再大口大口地吮吸。蜘蛛是怎么知道将有美味到嘴的呢？它的腿上有裂缝形状的振动感觉器。枯梗树叶碰到了网上，便不动了，所以蜘蛛只是在碰网的一刹那间，振颤一下。要是撞网的是飞虫，一定会挣扎一番，这样便给蜘蛛发出了振动信号。奇怪的是，同是撞网的飞虫，蜘蛛的反应却截然不同：是苍蝇，它就马上跑来捆缚；如是蜜蜂，蜘蛛便按兵不动。是蜘蛛怕蜂蜇吗？不是的。

科学家发现，蜘蛛对40～500赫频率的振动最敏感，苍蝇扑动翅膀的频率正好在这个范围之内，而蜜蜂扑动翅膀的频率每秒超过1000次，所以不会引起蜘蛛的注意。人们发现，蛛网对于蜘蛛的生活来说是非常重要的。蛛网不仅是这种动物捕捉猎物的陷阱和餐厅，还是它们的通信线、行道、婚床和育儿室。蜘蛛在蛛网上来回往返，为什么自己不会被粘丝粘住呢？因为通常蜘蛛是把干丝作跑道的，需要在粘丝上行走时，它的8条腿会分泌出一

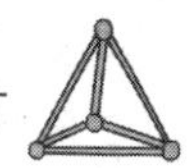

种油作润滑剂，这样就能在网上进退自如了。

在37000多个蜘蛛种类中，所有的蜘蛛都能吐丝，但只有一半种类可以用丝织网，其余的只会用丝缠绕食物或卵，或编一个很小的临时的掩蔽处，或者像蜘蛛侠那样在跳跃的时候织一根安全带。

蛛丝是从纺绩器出来的，通常位于腹部的后部。纽约康奈尔大学昆虫学院的助理教授琳达·瑞伊尔说："丝在腹部中时以液体的形式存在，而出来后却变成了固体的丝，研究人员一直在研究这是如何发生的。蛛丝比同样宽度的钢铁要坚硬得多也具有更大的柔韧性，它可以伸展到其长度的200倍。"　网是蜘蛛生活的主要工具。在人类不知道用网捞鱼捕鸟之前，蜘蛛早已发明用网捕虫了。说不定人类制造网还是从蜘蛛那儿学来的呢！

蜘蛛的种类很多，网的样式，各不相同。有的蜘蛛在屋角这种地方做网。网的形状很不整齐，有时好像一团乱丝，不过细细去看，里面都织了一个管子，雌雄蜘蛛双双地安居在管子里。网底有个平网，是用来捕虫的。

每种蜘蛛都有自己的一种织网类型，这既是天生的，对于专家来说也是很容易辨认的。在蜘蛛当中，顶会织网的是圆蛛。它的网呈八卦形，织得非常精美。一位科学家说："给我地球上任何一种网我都可以说出织这种网的蜘蛛种类，就像一位艺术家一眼就能区分出米开朗基罗和梵高的作品。"

但是，正如各张绘画都是独特的，各个网也是由每只蜘蛛根

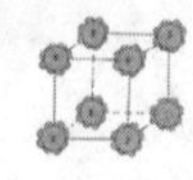
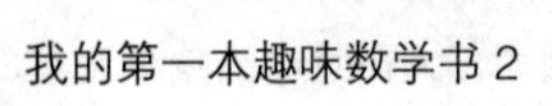

据具体空间而织造的，纽约Vassar学院生物学教授说：“蜘蛛会根据风和周围植被情况修改网的设计。”

这位科学家说：“现在所知的最好的对称网是由那些圆球蜘蛛编织的，大约有5000种编圆球网的蜘蛛。”圆球网由辐形圆组成，中部突出成螺旋状以诱捕食物。他说：“蜘蛛创造对称网并不比非对称网能捕获更多的食物，那么它们为什么要费劲织这种规则网呢？”

目前还没找到能解释蛛网对称的原因。但是瑞伊尔猜测，辐形蛛网的对称性可能有生物动力学原因。一张蛛网要有实用性，它必须编织得没法让昆虫挣脱或者弹跳出去。瑞伊尔说：“当昆虫碰撞入网，蛛网必须承受住碰撞力，而对称网的优势可能在于它可以使这种力均匀地分布在全网以减少某一处的受力，这样可以尽可能地避免网被撕破。”

另外，科学家解释说，随着蜘蛛年龄的增长，它的神经系统会逐渐老化，织出来的网也没那么好了。这项对蜘蛛网的研究，也可以解释人类行为随年龄增长的一些变化。

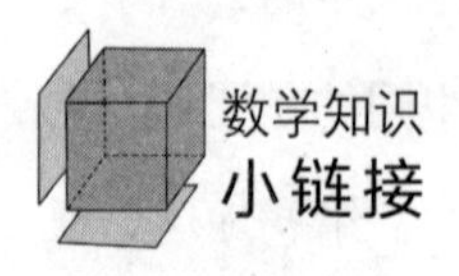

蜘蛛结的“八卦”形网，是既复杂又美丽的八角形几何图案，人们即使用直尺的圆规也很难画出像蜘蛛网那样匀称的图案。

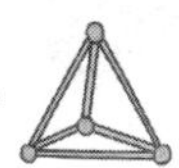

向日葵——藏起来的数学之美

周六早上，数学老师兼班主任的王老师来小香家里家访，小香给老师倒了茶，老师找小香聊了会儿，但妈妈临时有事，说需要等十分钟才能到家。

小香便领着王老师在家里参观下。王老师看到了阳台上的一株向日葵。

“你们家里还真是特别，别人家都种兰花啊、玫瑰花啊什么的，你们家居然种向日葵？”王老师问。

“我也不知道，这盆花还是去年爷爷拿来的，我爸爸妈妈都没时间，没人管，谁知道，长势还不错。”小香说。

“是啊，向日葵本来就是生命力很旺盛的植物，而且，过段时间你会发现，当葵花籽长出来的时候，它们的排列很有趣。”

“怎么有趣？”

“符合一定的数学规律啊……”

向日葵（Helianthus annuus）也叫葵花、朝阳花、转日莲等，是一种原产北美洲的经济作物，它的种子可以榨油，也可以直接食用，枝叶可以作为饲料喂牲口。

进入仲夏，各地的向日葵逐渐进入花期，人们对向日葵的喜爱是发自内心的：很多人都亲手种过向日葵，几乎所有的人都吃过葵花籽。近年来，大面积的向日葵种植更是在全国各地铺开，因为它能给人带来喜悦和对幸福的憧憬。

可是向日葵的花朵中还蕴藏着数学之美，你知道吗？当你嗑瓜子的时候，你还能想起瓜子是怎样在那个大大的黄色圆盘上排列的吗？

在讲向日葵的数学之美，先请大家复习两个数学概念。

第一个叫斐波那契数列，也叫兔子数列，它是这样的：

1、1、2、3、5、8、13、21、34、55、89、144……

还记得数学课上是怎么讲的吗？对，数列中每项是它前两项的和。

在向日葵上面，这个序列以螺旋状从花盘中心开始体现出来。有两条曲线向相反方向延展，从中心开始一直延伸到花瓣，每颗种子都和这两条曲线形成特定的角度，放在一起就形成了螺旋形。

第二个概念叫黄金分割，即0.618。

根据国外网站的数据研究证明，为了使花盘中的葵花籽数量达到最多，大自然为向日葵选择了最佳的黄金数字。花盘中央的螺旋角度恰好是137.5°，十分精确，只有0.1°的变化。这个角度是最佳的黄金角度，只此一个，两组螺旋（每个方向各有一个）即清晰可见。葵花籽数量恰恰也符合了黄金分割定律：

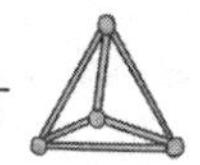

2/3，3/5，5/8，8/13，13/21，等等。

请仔细观察兔子数列，如果用前一项除以后一项，即：

1 ÷ 1=1

1 ÷ 2=0.5

2 ÷ 3=0.666...

3 ÷ 5=0.5

5 ÷ 8=0.625

……

55 ÷ 89=0.617977…

……

144 ÷ 233=0.618025…

……

46368 ÷ 75025=0.6180339886…

……

不难发现，这个前一项除以后一项的值越来越逼近黄金分割 0.618。

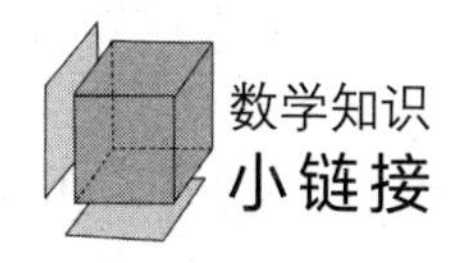

对于向日葵来说，在有限的空间里开出足够多的花并结出足够多的种子是第一要务，在漫长的进化过程中，自然选择让向日葵有了可以用黄金分割来解释的数学之美。

蛇是如何爬行的——正弦函数路线

周六一大早，爸爸妈妈就将妞妞送到农村的爷爷奶奶家，因为这个周末他们要出差，刚好爷爷奶奶也想孙女了。

妞妞很喜欢农村生活，上午，她跟爷爷奶奶一起种菜浇水，这比闷在家里好多了。

然而，接下来发生的一幕吓到妞妞了。原来，妞妞在掰菜叶的时候，发现了一条小蛇，吓得她赶紧尖叫起来，然后躲进了奶奶怀里。

奶奶说："不怕不怕，你不去招惹蛇的话，它们是不会咬你的。"

奶奶一边说，一边拍着妞妞的背部，妞妞惊魂未定："是真的吗？"

"是啊，我跟你爷爷天天都在这个菜园里干活，经常碰见小蛇，也没有被咬过呀。"

"嗯，是啊，奶奶，我刚才无意中发现一个问题，蛇在爬的时候好像是弯弯曲曲往前的，很有规律，这是什么道理？"

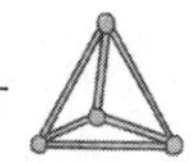

“我一个农村老太太哪知道那么多，你可以去问问你们老师。”奶奶说。

其实，这里妞妞的疑问是正常的，蛇爬行时确实沿着一定的规律，它们走的是一个正弦函数图形。它的脊椎像火车一样，是一节一节连接起来的，节与节之间有较大的活动余地。如果把每一节的平面坐标固定下来，并以开始点为坐标原点，就会发现蛇是按着30°、60°和90°的正弦函数曲线有规律地运动的。

那么，什么是正弦函数曲线呢？

对于任意一个实数x都对应着唯一的角（弧度制中等于这个实数），而这个角又对应着唯一确定的正弦值sin x，这样，对于任意一个实数x都有唯一确定的值sin x与它对应，按照这个对应法则所建立的函数，表示为f（x）=sin x，叫做正弦函数。

正弦函数的定理：在一个三角形中，各边和它所对角的正弦的比相等，即 a/sin A=b/sin B=c/sin C。

在直角三角形ABC中，∠C=90°，y为一条直角边，r为斜边，x为另一条直角边（在坐标系中，以此为底），则sin A=y/r，$r=\sqrt{(x^2+y^2)}$。

正弦型函数解析式：$y=A\sin(\omega x+\phi)+h$

各常数值对函数图像的影响：

Φ（初相位）：决定波形与X轴位置关系或横向移动距离（左加右减）

ω：决定周期（最小正周期$T=2\pi/|\omega|$）

A：决定峰值（即纵向拉伸压缩的倍数）

h：表示波形在Y轴的位置关系或纵向移动距离（上加下减）

作图方法运用“五点法”作图

“五点作图法”即当$\omega x+\phi$分别取0，$\pi/2$，π，$3\pi/2$，2π时y的值.

单位圆定义：

图像ϕ给出了用弧度度量的某个公共角。逆时针方向的度量是正角而顺时针的度量是负角。设一个过原点的线，同x轴正半部分得到一个角θ，并与单位圆相交。这个交点的y坐标等于$\sin\theta$。在这个图形中的三角形确保了这个公式；半径等于斜边并有长度 1，所以有了 $\sin\theta=y/1$。单位圆可以被认为是通过改变邻边和对边的长度并保持斜边等于 1 查看无限数目的三角形的一种方式。即$\sin\theta=AB$，与y轴正方向一样时正，否则为负sina。

对于大于 2π 或小于 0 的角度，简单的继续绕单位圆旋转。在这种方式下，正弦变成了周期为 2π 的周期函数。

第 03 章

趣味多多，与数学有关的趣味故事

小朋友们，可能你会觉得数学枯燥无味，而其实，关于数学有很多有趣的故事，比如田忌赛马、杨辉三角、数字黑洞、智斗猪八戒、胡夫金字塔数字之谜等，相信你在了解这些趣味故事后，也会对数学产生浓厚的学习兴趣。

田忌赛马——运筹帷幄

这天晚上，悠悠拿起语文课本，准备预习一篇古词，她走进客厅，开始踱着步念：

齐使者如梁，孙膑以刑徒阴见，说齐使。齐使以为奇，窃载与之齐。齐将田忌善而客待之。忌数与齐诸公子驰逐重射。孙子见其马足不甚相远，马有上、中、下辈。于是孙膑谓田忌曰：‘君弟重射，臣能令君胜。’田忌信然之，与王及诸公子逐射千金。及临质，孙膑曰：‘今以君之下驷与彼上驷，取君上驷与彼中驷，取君中驷与彼下驷。’既驰三辈毕，而田忌一不胜而再胜，卒得王千金。于是忌进孙膑于威王。威王问兵法，遂以为师。

念完以后，悠悠就有疑问了，赶紧敲开爸爸书房的门，问：“爸爸，这是我们今天学习的课文——《田忌赛马》，这田忌是怎么做到赢了齐威王的呢？”

“因为田忌懂得运用数学中的运筹学……”

田忌赛马的故事是这样的：

战国时期，齐威王与大将田忌赛马，齐威王和田忌各有三

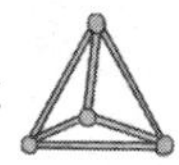

匹好马：上马，中马与下马。比赛分三次进行，每赛马以千金作赌。由于两者的马力相差无几，而齐威王的马分别比田忌的相应等级的马要好，所以一般人都认为田忌必输无疑。但是田忌采纳了门客孙膑（著名军事家）的意见，用下马对齐威王的上马，用上马对齐威王的中马，用中马对齐威王的下马，结果田忌以2比1胜齐威王而得千金。这是我国古代运用对策论思想解决问题的一个范例。

现在普遍认为，运筹学是近代应用数学的一个分支，主要是将生产、管理等事件中出现的一些带有普遍性的运筹问题加以提炼，然后利用数学方法进行解决，前者提供模型，后者提供理论和方法。运筹学的思想在古代就已经产生了，敌我双方交战，要克敌制胜就要在了解双方情况的基础上，做出最优的对付敌人的方法，这就是“运筹帷幄之中，决胜千里之外”的说法。但是作为一门数学学科，用纯数学的方法来解决最优方法的选择安排，却是晚多了，

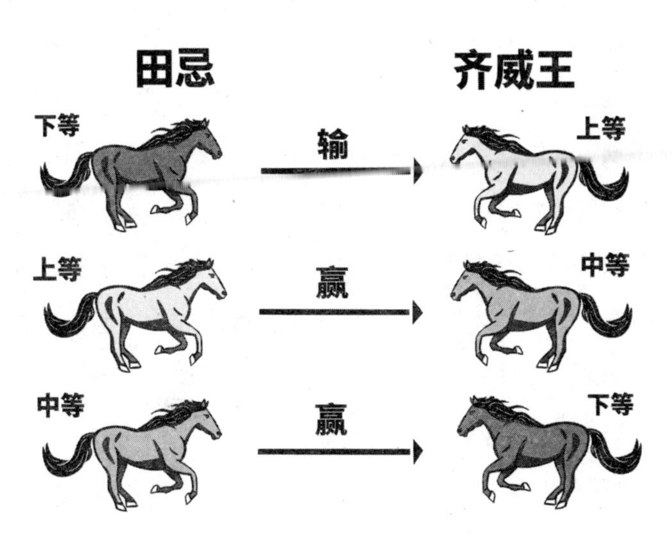

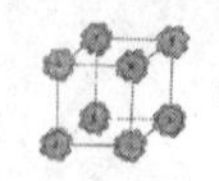

也可以说，运筹学是在二十世纪四十年代才开始兴起的一门分支。

运筹学主要研究经济活动和军事活动中能用数量来表达的有关策划、管理方面的问题，当然，随着客观实际的发展，运筹学的许多内容不但研究经济和军事活动，有些已经深入到日常生活当中去了。运筹学可以根据问题的要求，通过数学上的分析、运算，得出各种各样的结果，最后提出综合性的合理安排，从而已达到最好的效果。

运筹学作为一门用来解决实际问题的学科，在处理千差万别的各种问题时，一般有以下几个步骤：确定目标、制定方案、建立模型、制定解法。虽然不大可能存在能处理极其广泛对象的运筹学，但是在运筹学的发展过程中还是形成了某些抽象模型，并能应用解决较广泛的实际问题。

随着科学技术和生产的发展，运筹学已渗入很多领域里，发挥了越来越重要的作用。运筹学本身也在不断发展，现在已经是一个包括好几个分支的数学部门了，比如：数学规划（又包含线性规划、非线性规划、整数规划、组合规划等）、图论、网络流、决策分析、排队论、可靠性数学理论、库存论、对策论、搜索论、模拟等。运筹学有广阔的应用领域，它已渗透到诸如服务、库存、搜索、人口、对抗、控制、时间表、资源分配、厂址定位、能源、设计、生产、可靠性等各个方面。

运筹学的特点：

（1）运筹学已被广泛应用于工商企业、军事部门、民政事

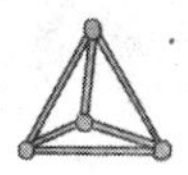

业等研究组织内的统筹协调问题，故其应用不受行业、部门之限制；

（2）运筹学既对各种经营进行创造性的科学研究，又涉及到组织的实际管理问题，它具有很强的实践性，最终应能向决策者提供建设性意见，并应收到实效；

（3）它以整体最优为目标，从系统的观点出发，力图以整个系统最佳的方式来解决该系统各部门之间的利害冲突，对所研究的问题求出最优解，寻求最佳的行动方案，所以它也可看成是一门优化技术，提供的是解决各类问题的优化方法。

运筹学的研究方法有：

（1）从现实生活场合抽出本质的要素来构造数学模型，因而可寻求一个跟决策者的目标有关的解；

（2）探索求解的结构并导出系统的求解过程；

（3）从可行方案中寻求系统的最优解法。

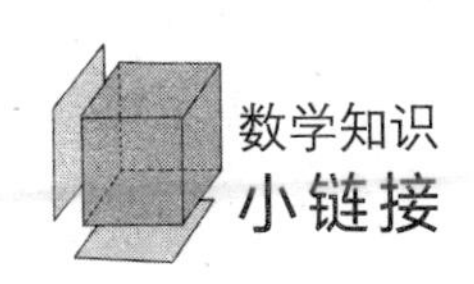

运筹学是软科学中“硬度”较大的一门学科，兼有逻辑的数学和数学的逻辑的性质，是系统工程学和现代管理科学中的一种基础理论和不可缺少的方法、手段和工具。运筹学已被应用到各种管理工程中，在现代化建设中发挥着重要作用。

智斗猪八戒——没有免费的午餐

周末，妈妈让星星帮忙做家务，星星想看电视，不愿动弹，妈妈给星星讲了这样一个故事：

话说唐僧师徒西天取经归来，来到郭家村，受到村民的热烈欢迎，大家都把他们当作除魔降妖的大英雄，不仅与他们合影留念，还拉他们到家里作客。

面对村民的盛情款待，师徒们觉得过意不去，一有机会就帮助他们收割庄稼，耕田耙地。开始几天猪八戒还挺卖力气，可过不了几天，好吃懒做的坏毛病又犯了。他觉得这样干活太辛苦了，师父多舒服，只管坐着讲经念佛就什么都有了。其实师父也没什么了不起的，要不是猴哥凭着他的火眼金睛和一身的本领，师父恐怕连西天都去不了，更别说取经了。要是我也有这么一个徒弟，也能有一番作为，到那时，哈哈我就可以享清福了。

于是八戒就开始张罗起这件事来，没几天就召收了9个徒弟，他给他们取名：小一戒、小二戒…小九戒。按理说，现在八戒应该潜心修炼，专心教导徒弟了。可是他仍然恶习不改，经常

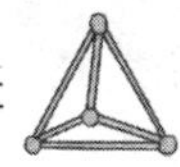

带着徒弟出去蹭吃蹭喝，吃得老百姓叫苦不迭。老百姓想着他们曾经为大家做的好事，谁也不好意思到悟空那里告状。就这样，八戒们更是有恃无恐，大开吃戒，一顿要吃掉五、六百个馒头，老百姓被他们吃得快揭不开锅了。

邻村有个叫灵芝的姑娘，她聪明伶俐，为人善良，经常用自己的智慧巧斗恶人。她听了这件事后，决定惩治一下八戒们。她来到郭家村，开了一个饭铺，八戒们闻讯赶来，灵芝姑娘假装惊喜地说："悟能师傅，你能到我的饭铺，真是太荣幸了。以后你们就到我这儿来吃饭，不要到别的地方去了。"

她停了一下说："这儿有张圆桌，专门为你们准备的，你们十位每次都按不同的次序入座，等你们把所有的次序都坐完了，我就免费提供你们饭菜。但在此之前，你们每吃一顿饭，都必须为村里的一户村民做一件好事，你们看怎么样？"八戒们一听这诱人的建议，兴奋得不得了，连声说好。于是他们每次都按约定的条件来吃饭，并记下入座次序。这样过了几年，新的次序仍然层出不穷，八戒百思不得其解，只好去向悟空请教。悟空听了不禁哈哈大笑说："你这呆子，这么简单的账都算不过来，还想去沾便宜，你们是永远也吃不到这顿免费饭菜的。""难道我们吃二、三十年，还吃不到吗？"悟空说："那我就给你算算这笔账吧。我们先从简单的数算起。假设是三个人吃饭，我们先给他们编上1、2、3的序号，排列的次序就有6种，即123，132，213，231，312，321。如果是四个人吃钣，第一个人坐着不动，其他

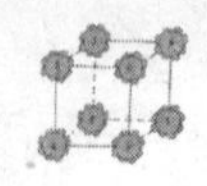

三个人的座位就要变换六次，当四个人都轮流作为第一个人坐着不动时，总的排列次序就是$6 \times 4=24$种。按这样的方法，可以推算出：五个人去吃饭，排列的次序就有$24 \times 5=120$种……10个人去吃钣就会有3628800种不同的排列次序。因为每天要吃3顿钣，用$3628800 \div 3$就可以算出要吃的天数：1209600天，也就是将近3320年。你们想想，你们能吃到这顿免费饭菜吗？”

经悟空这么一算，八戒顿时明白了灵芝姑娘的用意，不禁羞愧万分。从此以后，八戒经常带着徒弟们帮村民们干活。他们又重新赢得了人们的喜欢。

在听完这个故事后，星星也十分羞愧，一边拿起拖把干活，一边问妈妈：“孙悟空怎么那么聪明呢？”

“这是数学上的排列次数问题，猪八戒没有算清楚，所以才以为可以吃到免费的饭菜啊。”

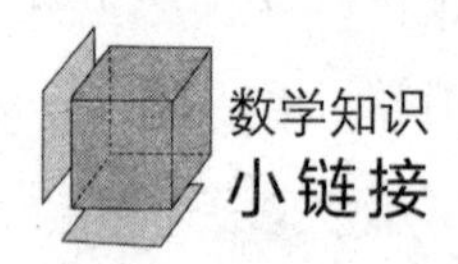

从n个不同元素中取出m（m≤n）个元素，按照一定的顺序排成一列，叫做从n个元素中取出m个元素的一个排列。

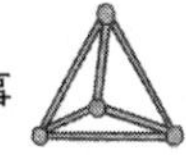

数字怪圈——西西弗斯串

鑫鑫的爸爸是一名数学老师，所以鑫鑫的数学成绩不错。每天晚上，他做完作业以后，都会拿给爸爸看。

这天晚上，鑫鑫去找爸爸检查作业，他发现爸爸在演算一串数字，很好奇，便问："爸，你在干啥呢？"

"我今天听同事说了一个数字怪圈，我不大相信，回来自己算了算，果然如此。"爸爸回答。

"什么数字怪圈？"

"你过来看……"

数字怪圈，又称数字黑洞，就是无论怎样设值，在规定的处理法则下，最终都将得到固定的一个值，再也跳不出去了，就像宇宙中的黑洞可以将任何物质（包括运行速度最快的光）牢牢吸住，不使它们逃脱一样。这就对密码的设置破解开辟了一个新的思路（即西西弗斯串）。

的确，数学中的123就跟英语中的ABC一样平凡和简单。然而，你按以下运算顺序，就可以观察到这个最简单的现象。

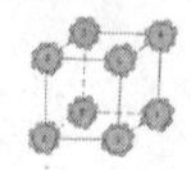

黑洞值：设定一个任意数字串，数出这个数中的偶数个数、奇数个数，及这个数中所包含的所有位数的总数，例如：1234567890。

偶：数出该数数字中的偶数个数，在本例中为2、4、6、8、0，总共有 5 个。

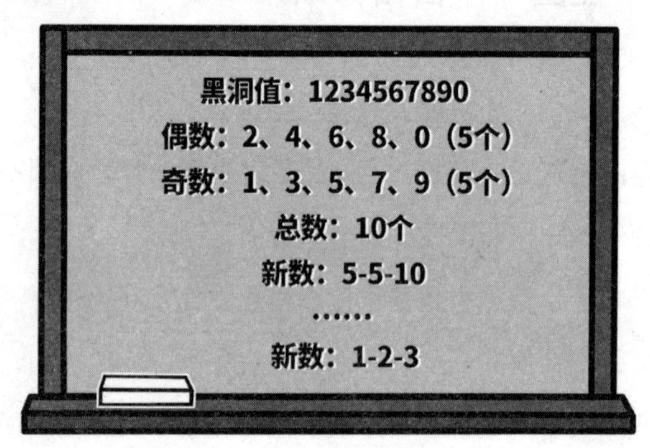

奇：数出该数数字中的奇数个数，在本例中为1、3、5、7、9，总共有 5 个。

总：数出该数数字的总个数，本例中为 10 个。

新数：将答案按“偶–奇–总”的位序，排出得到新数为：5510。

重复：将新数5510按以上算法重复运算，可得到新数：134。

重复：将新数134按以上算法重复运算，可得到新数：123。

结论：对数1234567890，按上述算法，最后必得出123的结果。我们可以用计算机写出程序，测试出对任意一组数经有限

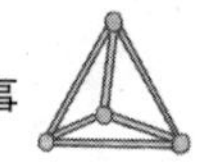

次重复后都会是123。换言之，任何数的最终结果都无法逃逸123黑洞。

为什么有数学黑洞“西西弗斯串”呢？

（1）当是一个一位数时，如是奇数，则k=0，n=1，m=1，组成新数011，有k=1，n=2，m=3，得到新数123；

如是偶数，则k=1，n=0，m=1，组成新数101，又有k=1，n=2，m=3，得到123。

（2）当是一个两位数时，如是一奇一偶，则k=1，n=1，m=2，组成新数112，则k=1，n=2，m=3，得到123；

如是两个奇数，则k=0，n=2，m=2，组成022，则k=3，n=0，m=3，得303，则k=1，n=2，m=3，也得123；

如是两个偶数，则k=2，n=0，m=2，得202，则k=3，n=0，m=3，由前面亦得123。

（3）当是一个三位数时，如三位数是三个偶数字组成，则k=3，n=0，m=3，得303，则k=1，n=2，m=3，得123；

如是三个奇数，则k=0，n=3，m=3，得033，则k=1，n=2，m=3，得123；

如是两偶一奇，则k=2，n=1，m=3，得213，则k=1，n=2，m=3，得123；

如是一偶两奇，则k=1，n=2，m=3，立即可得123。

（4）当是一个M（M>3）位数时，则这个数由M个数字组成，其中N个奇数数字，K个偶数数字，M=N+K。

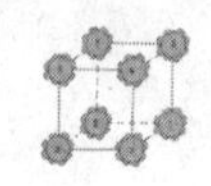

由KNM联接生产一个新数，这个新数的位数要比原数小。重复以上步骤，一定可得一个三位新数knm。

“123数学黑洞（西西弗斯串）”现象已由中国回族学者秋屏先生于2010年5月18日作出严格的数学证明，并推广到六个类似的数学黑洞（“123”“213”“312”“321”“132”和“231”），请看他的论文：《“西西弗斯串（数学黑洞）”现象与其证明》（正文网址链接在“数学黑洞”词条下“参考资料”中，可点击阅读）。自此，这一令人百思不解的数学之谜已被彻底破解。此前，美国宾夕法尼亚大学数学教授米歇尔·埃克先生仅仅对这一现象做过描述介绍，却未能给出令人满意的解答和证明。

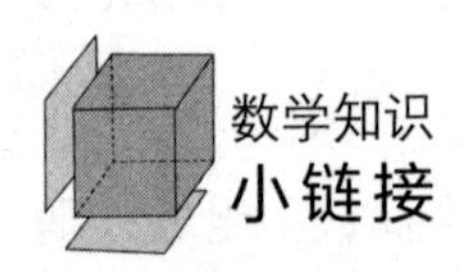

黑洞原是天文学中的概念，表示这样一种天体：它的引力场是如此之强，就连光也不能逃脱出来。数学中借用这个词，指的是某种运算，这种运算一般限定从某些整数出发，反复迭代后的结果必然落入一个点或若干点的情况叫数字黑洞。

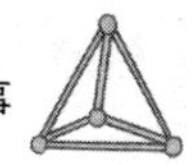

高次开方运算——杨辉三角的奥秘

周末，美美请了几个同学来家里做客，同学们来了之后，爸爸妈妈热情地招待，几位同学也很礼貌，一进门之后，就做自我介绍，其中有个同学说："叔叔阿姨，我叫杨辉，坐在周美美后面，是数学课代表。"

"是吗？你叫杨辉？还是数学课代表？"

"是啊，叔叔。"

"古代，有个数学家也叫杨辉呢，著名的杨辉三角，你们知道吗？"

"不知道，什么是杨辉三角呢？"

杨辉三角形，又称贾宪三角形、帕斯卡三角形，是二项式系数在三角形中的一种几何排列。

北宋人贾宪约公元1050年首先使用"贾宪三角"进行高次开方运算。

杨辉，字谦光，南宋时期杭州人。在他公元1261年所著的《详解九章算法》一书中，辑录了如上所示的三角形数表，称之

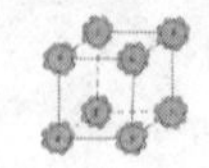

为“开方作法本源”图，并说明此表引自11世纪中叶贾宪的《释锁算术》，并绘画了“古法七乘方图”。故此，杨辉三角又被称为“贾宪三角”。

杨辉三角形同时对应于二项式定理的系数。n次的二项式系数对应杨辉三角形的n＋1行。

例如，2次的二项式正好对应杨辉三角形第3行系数121。

杨辉三角以正整数构成，数字左右对称，每行由1开始逐渐变大，然后变小，回到1。

第n行的数字个数为n个。

第n行的第k个数字为组合数。

第n行数字和为2n－1。

除每行最左侧与最右侧的数字以外，每个数字等于它的左上方与右上方两个数字之和（也就是说，第n行第k个数字等于第n–1行的第k–1个数字与第k个数字的和）。这是因为有组合恒等式。可用此性质写出整个杨辉三角形。

杨辉三角的研究来源于一个小故事。

当时杨辉是台州的地方官，一次外出巡游，碰到一孩童挡道，杨辉问明原因方知是一孩童在做一道数学算题，杨辉一听来了兴趣，下轿来到孩童旁问是什么算题。原来，这个孩童在算一位老先生出的一道趣题：把1到9的数字分行排列，不论竖着加、横着加，还是斜着加，结果都要等于15。

杨辉看到这个算题时想起来他在西汉学者戴德编纂的《大戴

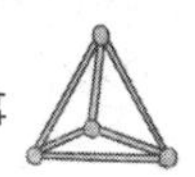

礼》一书中也见过。杨辉想到这儿，和孩童一起算了起来，直到午后，两人终于将算式摆出来了。

后来，杨辉随孩童来到老先生家里，与老先生谈论起数学问题来。老先生说："北周的甄鸾注《数术记遗》一书中写过'九宫者，二四为肩，六八为足，左三右七，戴九履一，五居中央。'"杨辉听了，这与自己与孩童摆出来的完全一样。便问老先生："你可知这个九宫图是如何造出来的？"老先生说不知道。

杨辉回到家中，反复琢磨。一天，他终于发现一条规律，并总结成四句话："九子斜排，上下对易，左右相更，四维挺出。"就是说：先把1～9九个数依次斜排，再把上1下9两数对调，左7右3两数对调，最后把四面的2、4、6、8向外面挺出，这样三阶幻方就填好了。

杨辉研究出三阶幻方（也叫络书或九宫图）的构造方法后，又系统地研究了四阶幻方至十阶幻方。在这几种幻方中，杨辉只给出了三阶、四阶幻方构造方法的说明，四阶以上幻方，杨辉只画出图形而未留下作法。但他所画的五阶、六阶乃至十阶幻方全都准确无误，可见他已经掌握了高阶幻方的构成规律。

与杨辉三角联系最紧密的是二项式乘方展开式的系数规律，即二项式定理。

例如，在杨辉三角中，第3行的三个数恰好对应着两数和的平方的展开式的每一项的系数

即 $(a+b)^2=a^2+2ab+b^2$

第4行的四个数恰好依次对应两数和的立方的展开式的每一项的系数

即$(a+b)^3=a^3+3a^2b+3ab^2+b^3$

以此类推。

又因为性质6：第n行的m个数可表示为C（n-1，m-1），即为从n-1个不同元素中取m-1个元素的组合数。因此可得出二项式定理的公式为：$(a+b)^n=C(n, 0)a^n\times b^0+C(n, 1)a^{\wedge}(n-1)\times b^1+\ldots+C(n, r)a^{\wedge}(n-r)\times b^{\wedge}r\ldots+C(n, n)a^0\times b^n$

因此，二项式定理与杨辉三角形是一对天然的数形趣遇，它把数形结合带进了计算数学。求二项式展开式系数的问题，实际上是一种组合数的计算问题。用系数通项公式来计算，称为“式算”；用杨辉三角形来计算，称作“图算”。

简单说就是两个未知数和的幂次方运算后的系数问题，比如$(x+y)^2=x^2+2xy+y^2$，这样系数就是1，2，1这就是杨辉三角的其中一行，立方，四次方，运算的结果看看各项的系数。

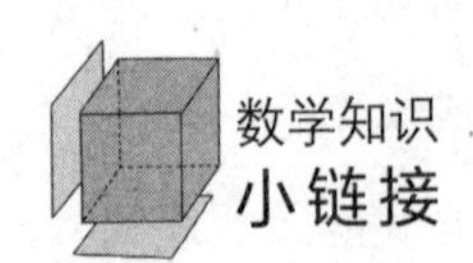

杨辉三角形，又称贾宪三角形、帕斯卡三角形，是二项式系数在三角形中的一种几何排列。在我国南宋数学家杨辉所著的《详解九章算术》（1261年）一书中用如图的三角形解释二项和的乘方规律。

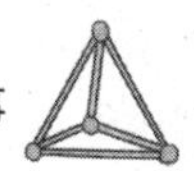

胡夫金字塔数字关系之谜

小天对金字塔的问题很感兴趣，在查找金字塔的资料时候，他看到了“金字塔建造之谜”这个词，很是好奇，顺便找了些相关资料，然后问了问妈妈。

“妈，你听没有听过金字塔？”

“知道啊，在古埃及。”

“在金字塔中，有座胡夫金字塔，其建造数据包含了很多数字关系，这些古代工匠们难道也都懂数学吗？”

的确，在古代世界有“七大奇迹”，埃及的金字塔被誉为“七大奇迹”之冠，有人对最大的金字塔——胡夫金字塔测量和研究后，提出了许多蕴含在大金字塔中的数字之谜。譬如：延伸胡夫大金字塔底面正方形的纵平分线至无穷则为地球的子午线；穿过胡夫大金字塔的子午线，正好把地球上的陆地和海洋分成均匀的两半，而且塔的重心正好坐落在各大陆引力的中心；把大金字塔底面正方形的对角线延长，恰好能将尼罗河口三角洲包括在内，而延伸正方形的纵平分线，则正好把尼罗河口三角洲平分。

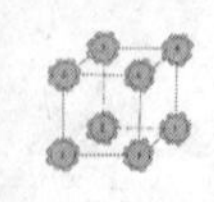

大金字塔的底面周长230.36米，为362.31库比特（古埃及一种度量单位），这个数字与一年中的天数相近；大金字塔的原有高度146.7米（现已塌落至137.3米）乘以10亿，约等于地球到太阳之间的距离。

大金字塔4个底边长之和，除以高度的两倍，即为3.14——圆周率；大金字塔本身的重量乘上7×1015恰好是地球的重量。

大金字塔高度的平方，约为21520米，而其侧面积为21481平方米，这两个数字几乎相等；从大金字塔的方位来看，四个侧面分别朝向正东、正南、正西、正北，误差不超过0.5度。在朝向正北的塔的正面入口通路的延长线，放一盆水代替镜子用，那么北极星便可以映到水盆上面来。

但更为令人吃惊的奇迹，并不是胡夫金字塔的雄壮身姿，而是发生在胡夫金字塔上的数字“巧合”：人们到现在已经知

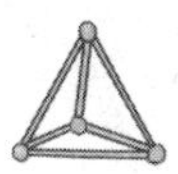

道，由于地球的形状是椭圆形的，因而从地球到太阳的距离，也就在14624万公里到15136万公里之间，从而使人们将地球与太阳之间的平均距离14659万公里定为一个天文度量单位；如果现在把胡夫金字塔的高度146.59米乘以十亿，其结果不正好是14659万公里吗？事实上，这个数字很难说是出于巧合，因为胡夫金字塔的子午线，正好把地球上的陆地与海洋分成相等的两半。难道说埃及人在远古时代就能够进行如此精确的天文与地理测量吗？

出乎人们意料之外的数字“巧合”还在不断地出现，早在拿破仑大军进入埃及的时候，法国人就对胡夫金字塔的顶点引出一条正北方向的延长线，那么尼罗河三角洲就被对等地分成两半。现在，人们可以将那条假想中的线再继续向北延伸到北极，就会看到延长线只偏离北极的极点6.5公里，要是考虑到北极极点的位置在不断地变动这一实际情况，可以想象，很可能在当年建造胡夫金字塔的时候，那条延长线正好与北极极点相重合。

除了这些有关天文地理的数字以外，胡夫金字塔的底部面积如果除以其高度的两倍，得到的商为3.14159，这就是圆周率，它的精确度远远超过希腊人算出的圆周率3.1428，与中国的祖冲之算出的圆周率在3.1415926—3.1415927之间相比，几乎是完全一致的。同时，胡夫金字塔内部的直角三角形厅室，各边之比为3∶4∶5，体现了勾股定理的数值。此外，胡夫金字塔的总重量约为6000万吨，如果乘以10的15次方，则正好是地球的重量！

所有这一切，都合情合理地表明这些数字的“巧合”其实并非是偶然的，这种数字与建筑之间完美地结合在一起的金字塔现象，也许有可能是古代埃及人智慧的结晶。正如有人所说：“数字是可以任人摆布的东西，例如巴黎埃菲尔铁塔的高度为299.92米，与光速299776000米/秒相比，前者正好是后者的百万分之一，而误差仅仅为千分之0.5。这难道仅仅是巧合吗？还是人们对于光速已经有所了解呢？如果不是为了显示设计者与建造者的智慧，也就无需在1889年以修建铁塔的方式来展示这一对比关系。”

事实上，胡夫金字塔的奇异之处，早已超出了地球上人们的想象力。这样，以胡夫金字塔为典型的大金字塔现象，对于地球人来说，也许始终是一个难解之谜。

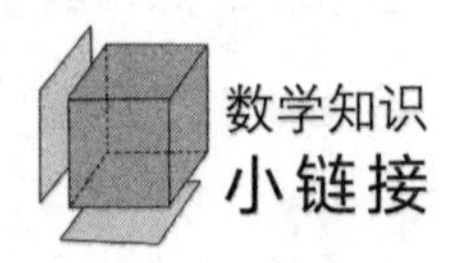

数学知识
小链接

在埃及金字塔中，最为壮观的一座叫胡夫金字塔，它约建于公元前2700多年。塔高146.5米，塔基每边长230.6米，占地约52900平方米，总重量684.8万吨。塔身用230万块巨石砌成，平均每块重10吨，石块之间不用任何黏着物，而由石与石相互叠积而成，人们很难用一把锋利的刀片插入石块之间的缝隙。历时近五千年，这是人类有史以来单个最大的人工建筑物。

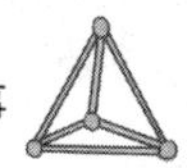

免费摸奖的骗局——概率太小

五一期间，小飞和爸爸妈妈一起出去游玩，在一个景点，小飞看到一个免费抽奖的活动：共有10个红色乒乓球和10个白色乒乓球，共20个乒乓球一起放入口袋中。你出10元钱参与摸乒乓球，从口袋中这20个乒乓球中摸出10个乒乓球，如果摸出乒乓球的颜色为4红6白，5红5白或6红4白，则视为你输，这10元钱归他所有；如果你摸出3红7白或7红3白，则奖励你20元钱；如果是2红8白或8红2白则奖励你100元钱；如果是1红9白或9红1白则奖励你1000元钱；如果是10红或10白则奖励你10000元钱。

小飞跟妈妈说："挺好玩的啊，我们抽奖吧。"

"别，这个概率太低了，别上当。"爸爸说。

"概率，什么概率？"

"我来算给你听……"

这个游戏中，表面上看，你输钱有3种情况，而赢钱却有8种情况，并且还可能有高达10000元的奖励，这个赌局似乎有得赌，而实际上呢，参与摸球的人十有八九都是输，只有少数人能偶尔中个20元的小奖，这其中的原因何在呢，让我们算算便知。

首先，20个球摸出10个球有C（20，10）=20×19×…×11/1×2×…×10=184756种情况。类似可算得这10个球中各种颜色分布情况与概率如下：

10红或10白：2种　　概率：1/92378

1红9白或9红1白：100种　　概率：0.11%

2红8白或8红2白：4050种　　概率：2.19%

3红7白或7红3白：28800种　　概率：15.59%

4红6白或6红4白：88200种　　概率：47.74%

5红5白：63504种　　概率：34.47%

从上可以明显看出，10000元的奖励几乎是不可能出现的。而实际上，你输钱的可能性占到82.1%。赢20的可能性大约为1/6，赢100的可能性大约为1/46。而赢1000的可能性大约为1/924，这种情况也已经是不可能出现的，注意到你拿10元搏1000元是100倍，而概率是1/924，这已经是明显不公平的了。

虽然你只出了10元钱，但是绝大多数情况都是输，偶尔运气好最多只可能赢个20元，当你明白这一道理时，你就不会再去上这些当了。总之一句话，路边的小便宜不要贪，天上不会掉馅饼的。

那么接下来，我们就来了解下什么是概率。

概率，又称或然率、机会率、机率（几率）或可能性，是概率论的基本概念。概率是对随机事件发生的可能性的度量，一般

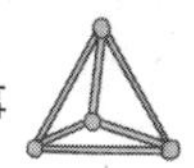

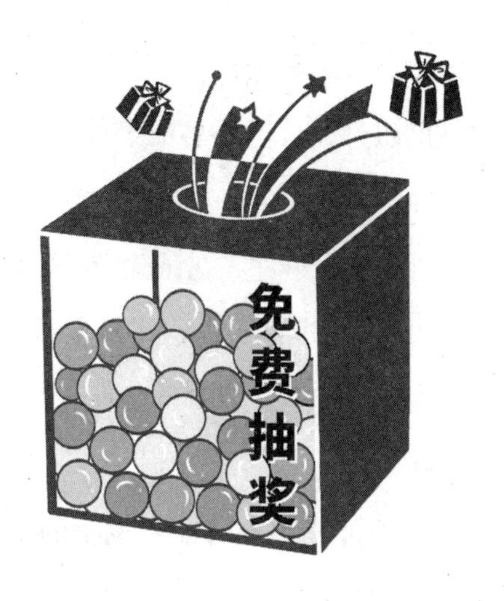

以一个在0到1之间的实数表示一个事件发生的可能性大小。越接近1，该事件越可能发生；越接近0，则该事件越不可能发生。人们常说某人有百分之多少的把握能通过这次考试，某件事发生的可能性是多少，这都是概率的实例。

在一个特定的随机试验中，称每一可能出现的结果为一个基本事件，全体基本事件的集合称为基本空间。随机事件（简称事件）是由某些基本事件组成的，例如，在连续掷两次骰子的随机试验中，用Z，Y分别表示第一次和第二次出现的点数，Z和Y可以取值1、2、3、4、5、6，每一点（Z，Y）表示一个基本事件，因而基本空间包含36个元素。“点数之和为2”是一事件，它是由一个基本事件（1，1）组成，可用集合{（1，1）}表示，“点数之和为4”也是一事件，它由（1，3），（2，2），（3，1）3个基本事件组成，可用集合{（1，3），（3，1），（2，

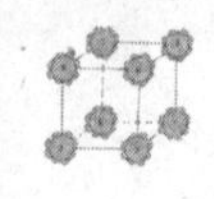

2）}表示。如果把“点数之和为1”也看成事件，则它是一个不包含任何基本事件的事件，称为不可能事件。P（不可能事件）=0，在试验中此事件不可能发生。如果把“点数之和小于40”看成一事件，它包含所有基本事件，在试验中此事件一定发生，所以称为必然事件，P（必然事件）=1。实际生活中需要对各种各样的事件及其相互关系、基本空间中元素所组成的各种子集及其相互关系等进行研究。

在一定的条件下可能发生也可能不发生的事件，叫作随机事件。

通常一次实验中的某一事件由基本事件组成。如果一次实验中可能出现的结果有n个，即此实验由n个基本事件组成，而且所有结果出现的可能性都相等，那么这种事件就叫做等可能事件。

不可能同时发生的两个事件叫作互斥事件。

对立事件，即必有一个发生的互斥事件叫作对立事件。

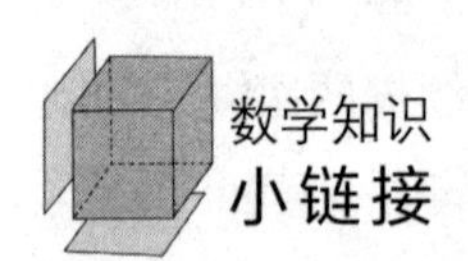

数学知识

小链接

所谓概率，表示某件事发生的可能性大小的一个量。很自然地把必然发生的事件的概率定为1，把不可能发生的事件的概率定为0，而一般随机事件的概率是介于0与1。

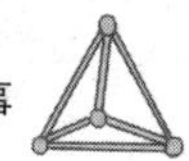

古代分数是如何表达的

小菲放学回家后，妈妈的晚饭已经做好了，小菲跟妈妈说："我作业太多了，晚饭你帮忙盛到房间来吧。"

看到女儿这么辛苦，妈妈很心疼，然后问："你要多少米饭，一碗吗？"

"我吃不了那么多，差不多三分之一碗，多夹点青菜。"

过了会儿，饭菜送进来了，妈妈说："我姑娘还挺逗，要三分之一碗的米饭，哈哈。"

"嗯，可能是今天数学学的分数问题太多了，搞得回家了还下意识地用到了。不过妈妈，刚才我突然想到一个问题，在古代，人们也是用几分之几来表达这种分数的吗？"小菲嘴巴里含着饭菜，一边问妈妈。

"这个我还真没研究过，不过应该不是这样表达吧，你想知道的话，一会儿我去查了资料告诉你。"

在古代，人们在表达分数时候，通常使用"先说分母后分子的方式表达""八分"和古代分数表达法。

“八分+数+名”是古代的一种分数表达法。从汉代到清代一直沿用着。东汉张仲景《金匮要略》蜘蛛散方：“右二味为散，取八分一匕，饮和服，日再服。”清代吴鞠通《温病条辨》加减复脉汤：“水八杯，煮取八分三杯，分三次服。”“八分一匕”和“八分三杯”是同类型的分数表达法。

对这种分数表达法进行诠释的，目前尚未发现，但理解不一者则有之。如《本草纲目》蜘蛛[发明]项下，录苏颂引张仲景蜘蛛散时，直写为“每服八分”。《增补评注温病条辨》（1958年上海科技版），将加减复脉汤方后煎服法说明文字，断句为“水八杯。煮取八分。三杯。分三次服”。《温病条辨白话解》（浙江中医学院编辑，1963年人卫版），亦将此句标点为“水八杯，煮取八分，三杯，分三次服”。

把“八分一匕”当作“八分”这是不对的，因为去掉了“一

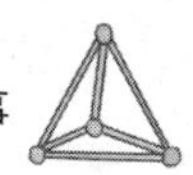

匕”，只写“八分”，那就误解为一钱的十分之八了。其实，“匕”和“钱”是不同的单位，并且仲景方中还没有出现“钱”这个单位量词。所谓“钱匕”的“钱”，是指汉代的五铢钱币。古人用这种钱币量取药末至不散落者为“一钱匕”。

汉代已经有“分”这个单位量词，“八分一匕”是不是当时的八分呢？不是。因为汉代重量单位的进制是：十黍为一铢，六铢为一分，四分为一两，十六两为一斤。“八分”就应该是二两了。散剂一次是不会服用这大剂量的，何况蜘蛛是有毒之品。同时，也不能置“一匕”于不顾。

此外，是不是“八分之一匕”呢？也不是。如果作“八分之一匕”理解，那就只合现在的零点三克。在仲景所有方药中，没有用这样小的剂量的。固然汉代在表示分数时，有母数、子数间只用“分”的。如《史记·天官书》就有“……三分二……九分八……”的写法，“三分二”就是“三分之二”，“九分八”就是“九分之八”。但“八分一匕”是不能理解为“八分之一匕”的，因为“一”后有“匕”，“一匕”应连读，不能读为“八分一”。将加减复脉汤方后煎服法说明文字，断句为“水八杯，煮取八分，三杯，分三次服”，那是错的。如果按“水八杯，煮取八分”来理解，那就是取六点四杯。这样“八杯”取“六点四杯”，根本不须煎熬，只要浸泡一下，药物就可以吸收一杯多水。但加减复脉汤中只采用浸泡法是无济于事的。特别是救逆汤中有龙骨、牡蛎，亦“煎如复脉法”，那更是不行。再则，“三杯，分三次服”，与“煮取八分”所得的六点四杯亦自相矛盾。

这种分数表达法，实际是省去了母数后（这个母数是十），只用子数加分，再加数词加名词。而后面的数词和名词，是说明前面分数的多少的。“八分一匕”，意为一匕只量取八分，不量满十分，也就是“一匕的十分之八”。也可以说成“十分之八匕”。同样，“八分三杯”就是一杯只取八分，不满十分，也就是“十分之八杯”。“八分三杯”，就是八分一杯的共三杯，实际是二点四杯。

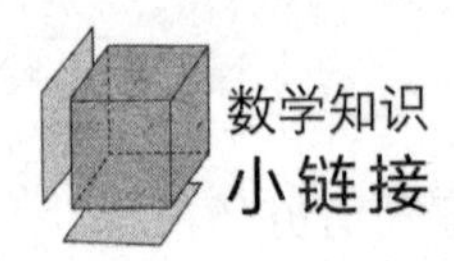

把单位“1”平均分成若干份，表示这样的一份或其中几份的数叫分数。表示这样的一份的数叫分数单位。

第 04 章

学习数学，了解一些数学知识点

小朋友们，相信你每天都会学到数学，也在不断地获取数学中的新知识，然而，对于数学中的这些知识点，自然数、正数、负数、虚数、勾股定理你了解吗？那么，接下来，我们就来看看这些具体的知识点吧。

八卦阵里有什么数学原理

周末的早上，磊磊和妈妈一起去买菜。

路过步行街的时候，磊磊看到路边围了好多人，出于好奇，他拉着妈妈也挤进去，原来是有人摆了八卦阵，在给人算命呢。

妈妈正准备走："不看了不看了，算命的都是骗人的。"

听到妈妈这么说，旁边有人反驳道："大姐，你不信可不要瞎说，他这不是算命，是算的五行卦，而且很准，在我们这还挺出名的呢。"

妈妈将信将疑，没有再说什么。

磊磊看了看八卦阵，心生好奇，问妈妈："这个八卦阵还挺有趣，我得回去好好研究研究，看看跟我们学的数学知识有什么联系。"

事实上，磊磊的猜想是正确的，八卦阵里确实包含一些数学知识，那么接下来，我们来仔细了解：

其实很简单，八卦阵，古已有之，并非诸葛亮首创，但是诸葛亮把它改进了，这个我们后面再谈。先了解八卦阵的原理，其实很

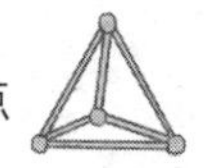

简单，数学题：将1~9 排成3X3的方阵，使横竖斜相加都等于15。

4 3 8

9 5 1

2 7 6

如上解，很多人应该都知道这个就叫“九宫阵”。我们知道有句古话：撒豆成兵。这不是说巫师吹口气豆子就变成士兵可以作战了，而是以豆为图，演示兵阵。在勇将眼里，自己力量过人装备好人品好（运气），所以关羽张飞自称万人敌，实际真叫他去挑一万人，那肯定被剁成肉酱了。这是因为勇将一方面不知道人的力量是有极限的，另一方面不懂数学题目。而在智将眼里，巧妙地排兵布阵，使兵力被巧妙地布置周全。智将眼里没有什么万人敌呀千人敌，他认为一个人就是只敌一个人。杀敌一千，自损八百。所以，通过布阵，使敌人不得不与你厮杀比拼兵力，而无法通过单挑决胜负，这是智将布阵的一个根本原因。

那么，假如我有兵5000人，则按上图可分别以如下人数布置：

400兵 300兵 800兵

900兵 500兵 100兵

200兵 700兵 600兵

我们知道：古时作战是分三军的，即左军、中军、右军（有的也称上、中、下三军），一个军队没有两翼是不行，那很容易被敌人从侧面攻击而首尾大乱。这个三军其实是很讲究的，比如

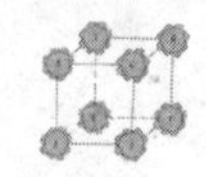

城濮之战，晋军针对楚军中军较强，两翼较弱的特点，晋下军猛攻楚右的陈蔡联军，楚右翼军被虎皮所吓而溃，晋上军佯败引楚左军追击，后与中军合力夹击楚左军，包围而歼之。楚中军（此时应当在应付右翼的溃败）见左右皆败，遂退。所以，左中右三军的兵力如何搭配，是很重要的。后来又有田忌赛马，孙膑用以上对中、以中对下、以下对上的办法，彻底改变了三军的作战思路，并由此而产生了作战中虚实的概念。

那么这个九宫阵和三军有何关系呢？如果用现代军事概念来描述的话，那就是九宫阵延展了三军阵法的纵深，使三军之后又有三军（这个叫六军，春秋晋国兵力强盛，发展到六军之众，完全超过周礼“大国三军”的规定，不过晋国后来也因为把兵权分给了六个士大夫而分裂灭亡）。因为后人对六军的误解，而又产生了“九军”（九宫）的理解，从而奠定九宫阵的基础，即延伸

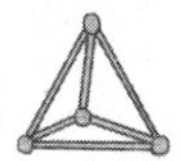

扩展三军的前后纵深，使三军不易被突破击溃。

不过这个“九军”和“九宫阵”肯定是有差别的，那就是“九军”没有意识到数与数的不同，而是将士卒均匀地分布于9处，也就是每个数字都是5。那么当九军碰到九宫的时候会怎么样呢？

甲军————————乙军

4 3 8____VS________5 5 5

9 5 1____VS________5 5 5

2 7 6____VS________5 5 5

请注意，军阵较量可不是作加减法。甲军左第一列和乙军右第一列可视为双方的前阵。在人数的优劣下，乙军前列左右两翼将会失利，甲军前列中军也将失利。但甲以1换2，尤如田忌赛马，输一阵而赢两阵，且乙前列中军两翼尽失，有被包围的危险。所以，前列之战，乙军失利，而甲后两列与乙旗鼓相当，乙军前列失利必致军心动摇，甲军则士气高涨，此消彼涨，可知九宫之优于九军也。

有人肯定会不服说，我派后两列补上交战，使战争呈胶着状态，你也难分胜负啊。且看甲军变阵。

乙军________甲军顺时针转45度

5 5 5____VS________9 4 3

5 5 5____VS________2 5 8

5 5 5____VS________7 6 1

这是一个变阵，此时，甲军的上军（右军）数为16，前列

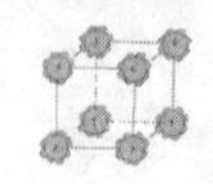

数为18。前两列数比较为：甲前列上军为13、前列中军为7、前列下军为13。在前两列的人数对比上，甲的上下军皆超过乙军，乙军的前两列中军虽然比甲多，但一样容易陷入被包围歼灭的地步。想一想坎尼会战吧，孤军深入被包围可不是好玩的。

那么从以上阵法较量中我们看出九宫阵对九军阵的优劣后，便不难理解后世人为何将九宫阵发扬光大。

在《三国演义》中最明显的一次九宫阵运用应当为曹仁攻刘备，徐庶大破八门金锁阵。曹仁攻新野，布了一个阵，徐庶谓玄德："此八门金锁阵也。……曹仁虽布得整齐，只是中间缺欠主持，如从东南角生门击入，往正西景门而出，其阵必乱。"刘备传令，教军士把住阵角，命赵云引五百军从东南而入，径往西出。云得令，挺枪跃马，引兵径投东南角上，呐喊杀入中军，曹仁便投北走。云不追赶，却突出西门，又从西杀转东南角上来，曹仁军大乱。

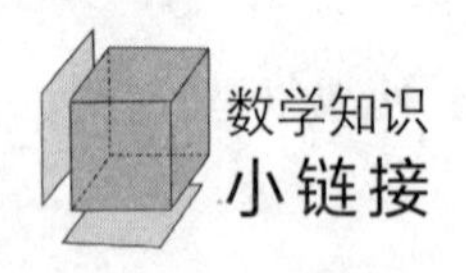

八卦阵学名为九宫八卦阵，是一种古代的军事阵法，相传为诸葛亮发明。

九为数之极，取六爻三三衍生之数，《易经》有云：一生二，二生三，三生万物。又有所谓太极生两仪，两仪生四相，四相生八卦，八卦而变六十四爻，从此周而复始变化无穷。

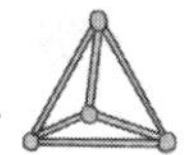

“朝三暮四”——加法交换律

夏日的午后，妞妞窝在沙发上，妈妈给她讲了这样一个故事：

宋国有一个很喜欢饲养猴子的人。他家养了一大群猴子，他能理解猴子的意思，猴子也懂得他的心意。他宁可减少全家的食用，也要满足猴子的要求。然而过了不久，家里越来越穷困了，打算减少猴子吃桃子的数量，但又怕猴子不顺从自己，就先欺骗猴子说：“给你们的桃子，早上三个晚上四个，够吃了吗？”猴子一听，都站了起来，十分恼怒。过了一会儿，他又说：“给你们桃子，早上四个，晚上三个，这该够吃了吧？”猴子一听，一个个都趴在地上，非常高兴。

妞妞在听完这个故事以后，哈哈大笑。妈妈问妞妞为什么可笑，妞妞说猴子太愚蠢了，其实一天吃到的桃子是一样多的。

这个故事源于《庄子・齐物论》，也是成语“朝三暮四”的来源，“3+ 4”和“4+3”这两个加法算出来的结果是一样的，只是加数位置变了。同样，故事中，桃子的总数没有变，只是分配方式有所变化，猴子们就转怒为喜。

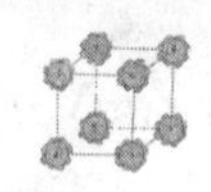

朝三暮四的原意是指实质不变，用改换名目的方法使人上当。宋《二程全书·遗书·十八·伊川先生语》：“若曰圣人不使人知，岂圣人之心是后世朝三暮四之术也？”遗憾的是，后来应用这个成语的人，并不十分清楚朝三暮四的出处，把它和朝秦暮楚混淆了。而后者指的是战国时期，秦、楚两大强国对立，有些弱小国家一会儿倒向秦国，一会儿倒向楚国。就像十年前美苏争霸时期，有些非洲国家时而倒向美国，时而倒向苏联。朝三暮四本来与此无关，但以讹传讹，天长日久，大家也就习惯把朝三暮四理解为没有原则，反复无常了。

那么，什么是加法交换律呢？

两个数的加法运算中，在从左往右计算的顺序，两个加数相加，交换加数的位置，和不变。此定律为人民教育出版社小学四年级下册数学第三单元的学习内容。

字母表达为：a+b=b+a

局限性：

尽管这一定律看上去似乎对于任何事物都显然成立，但事实并非如此。在没有时间的空间下（三维以内），加法交换律是完全正确的。但是一旦有了时间轴，这个定律就不成立了。

证明这个理论的实验之一如下：

（1）取一个方体物体，如较厚的书或者魔方之类皆可，将其平放在水平台上。

（2）现令正上方的一面，垂直与桌面对着你的一面和垂

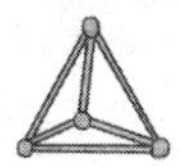

直桌面在你右边的面为面一、二、三。各自相对的面为面四、五、六。

（3）定义操作a为将此长方体翻转180度。即面三、六不动，一四交换，二五交换。定义操作b为将左边的面翻至上方。

（4）执行a+b后，向上的一面为面六。执行b+a后，向上的一面为面三。显然a+b不等于b+a。

相关定律：

加法结合律：$a+b+c=a+(b+c)$

乘法交换律：$a\times b=b\times a$

乘法结合律：$a\times b\times c=a\times(b\times c)$

乘法分配律：$a\times c+b\times c=(a+b)\times c$

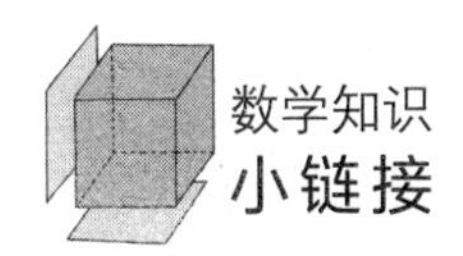

两个数相加，交换加数的位置，和不变，这就是加法交换律。用字母表示是$a+b=b+a$；

两个数相乘，交换因数的位置，积不变，这就是乘法交换律。用字母表示是$a\times b=b\times a$。

什么是自然数

阳阳隔壁邻居家有个弟弟小涛，去年才上小学，对于功课上很多不懂的问题，他都来请教阳阳。

这天晚上，阳阳在家做作业，小涛又来敲门了。

小涛问："今年上数学课，老师讲到了很多我听不懂的问题，想来问问你。"

"什么问题？"

"什么是自然数呢？"涛涛问。

"哦，这是数学上的基本问题了……"

那么，什么是自然数呢？

自然数就是正整数和0。在过去的时候一直有争议，0到底是不是自然数。因为在自然界中，像1，2，3，4等等这样的正整数是可以用实物表示出来的。例如一个苹果，两片叶子等。而0是没法直接表示，但有些人又认为什么都没有就表示为0，因此0也算是自然数。

不过在近几年，所有的数学书都已经给出了明确的规定：0

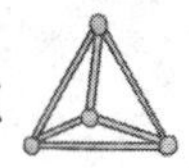

是包含在自然数中的。

序数理论是意大利数学家G·皮亚诺提出来的。他总结了自然数的性质，用公理法给出自然数的如下定义：

自然数集N是指满足以下条件的集合：

（1）N中有一个元素，记作1。

（2）N中每一个元素都能在N中找到一个元素作为它的后继者。

（3）1不是任何元素的后继者。

（4）不同元素有不同的后继者。

（5）（归纳公理）N的任一子集M，如果1∈M，并且只要x在M中就能推出x的后继者也在M中，那么M=N。

自然数，即0、1、2、3、4……

从历史上看，国内外数学界对于0是不是自然数历来有两种观点：一种认为0是自然数，另一种认为0不是自然数。建国以来，我国的中小学教材一直规定自然数不包括0。国外的数学界大部分都规定0是自然数。为了方便于国际交流，1993年颁布的《中华人民共和国国家标准》（GB 3100-3102-93）《量和单位》（11-2.9）第311页，规定自然数包括0。所以在近几年进行的中小学数学教材修订中，教材研究编写人员根据上述国家标准进行了修改。即一个物体也没有，用0表示。0也是自然数。

自然数是一切等价有限集合共同特征的标记。

注：自然数就是我们常说的正整数和0。整数包括自然数，

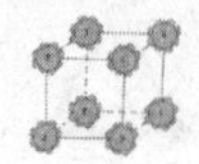

所以自然数一定是整数，且一定是非负整数。

但相减和相除的结果未必都是自然数，所以减法和除法运算在自然数集中并不总是成立的。用以计量事物的件数或表示事物次序的数，即用数码0，1，2，3，4，……表示物体个数的数叫自然数，自然数由0开始（包括0），一个接一个，组成一个无穷集体。自然数集有加法和乘法运算，两个自然数相加或相乘的结果仍为自然数，也可以作减法或除法，但相减和相除的结果未必都是自然数，所以减法和除法运算在自然数集中并不是总能成立的。自然数是人们认识的所有数中最基本的一类，为了使数的系统有严密的逻辑基础，19世纪的数学家建立了自然数的两种等价的理论自然数的序数理论和基数理论，使自然数的概念、运算和有关性质得到严格的论述。

序数理论是意大利数学家G.皮亚诺提出来的。他总结了自然数的性质，用公理法给出自然数的如下定义。

自然数集N是指满足以下条件的集合：

（1）N中有一个元素，记作1。

（2）N中每一个元素都能在 N 中找到一个元素作为它的后继者。

（3）1是0的后继者。

（4）0不是任何元素的后继者。

（5）不同元素有不同的后继者。

（6）（归纳公理）N的任一子集M，如果1∈M，并且只要x

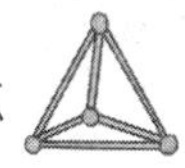

在M中就能推出x的后继者也在M中，那么M=N。

基数理论则把自然数定义为有限集的基数，这种理论提出，两个可以在元素之间建立一一对应关系的有限集具有共同的数量特征，这一特征叫作基数。这样，所有单元素集{x}，{y}，{a}，{b}等具有同一基数，记作1 。凡能与两个手指头建立一一对应的集合，它们的基数相同，记作2，等等 。自然数的加法 、乘法运算可以在序数或基数理论中给出定义，并且两种理论下的运算是一致的。

自然数在日常生活中起了很大的作用，人们广泛使用自然数。自然数是人类历史上最早出现的数，自然数在计数和测量中有着广泛的应用。人们还常常用自然数来给事物标号或排序，如城市的公共汽车路线，门牌号码，邮政编码等。

自然数是整数（自然数包括正整数和零），但整数不全是自然数，例如：−1、 −2、 −3……是整数 而不是自然数。自然数是无限的。

全体非负整数组成的集合称为非负整数集，即自然数集。

在数物体的时候，数出的0、1、2、3、4、5、6、7、8、9……叫自然数。自然数有数量、次序两层含义，分为基数、序数。基本单位：1，计数单位：个、十、百、千、万、十万……

总之，自然数就是指大于等于0的整数。当然，负数、小数、分数等就不算在其内了。

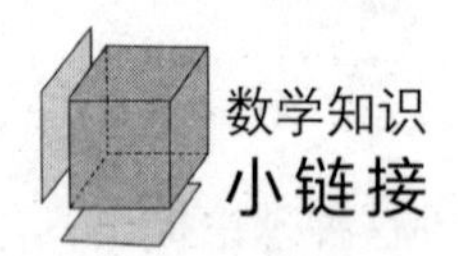

自然数是用以计量事物的件数或表示事物次序的数，即用数码0，1，2，3，4，……所表示的数。自然数由0开始，一个接一个，组成一个无穷集合。自然数集有加法和乘法运算，两个自然数相加或相乘的结果仍为自然数，也可以作减法或除法，但相减和相除的结果未必都是自然数，所以减法和除法运算在自然数集中并不是总能成立的。自然数是人们认识的所有数中最基本的一类。为了使数的系统有严密的逻辑基础，19世纪的数学家建立了自然数的两种等价的理论——自然数的序数理论和基数理论，使自然数的概念、运算和有关性质得到严格的论述。

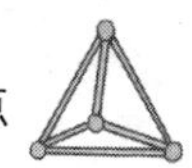

虚数真的很虚吗

小涛的问题太多了，在问完了自然数的问题后，小涛又问："哥哥，那什么是虚数呢？虚数就是很虚的数字吗？"

"哈哈，不是，再说，数字虚不虚你怎么判断呢？"阳阳笑着回答。

"嗯，老师今天讲课的时候，反正我是一头雾水。"

"其实，虚数就是一些不实的数字或并非表明具体数量的数字，而不是你说的很虚的数字。"

所谓虚数，是相对于实数域而言，新扩充的一个数域。在数学中，虚数就是形如a+b*i的数，其中a，b是实数，且b≠0，$i^2=-1$。虚数这个名词是17世纪著名数学家笛卡尔创立，因为当时的观念认为这是真实不存在的数字。后来发现虚数a+b*i的实部a可对应平面上的横轴，虚部b对应平面上的纵轴，这样虚数a+b*i可与平面内的点（a，b）对应。

要追溯虚数出现的轨迹，就要联系与它相对实数的出现过程。我们知道，实数是与虚数相对应的，它包括有理数和无理

数，也就是说它是实实在在存在的数。

有理数出现的非常早，它是伴随人们的生产实践而产生的。无理数的发现，应该归功于古希腊毕达哥拉斯学派。无理数的出现，与德谟克利特的“原子论”发生矛盾。根据这一理论，任何两个线段的比，不过是它们所含原子数目的经。而勾股定理却说明了存在着不可通约的线段。

不可通约线段的存在，使古希腊的数学家感到左右为难，因为他们的学说中只有整数和分数的概念，他们不能完全表示正方形对角线与边长的比，也就是说在他们那里，正方形对角线与边长的比不能用任何“数”来表示。西亚他们已经发现了无理数这个问题，但是却又让它从自己的身边悄悄溜走了，甚至到了希腊最伟大的代数学家丢番图那里，方程的无理数解仍然被称为是“不可能的”。

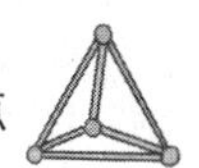

“虚数”这个名词是17世纪著名数学家、哲学家笛卡尔创制，因为当时的观念认为这是真实不存在的数字。后来发现虚数可对应平面上的纵轴，与对应平面上横轴的实数同样真实。

人们发现即使使用全部的有理数和无理数，也不能完全解决代数方程的求解问题。像x^2+1=0这样最简单的二次方程，在实数范围内没有解。12世纪的印度大数学家婆什伽罗都认为这个方程是没有解的。他认为正数的平方是正数，负数的平方也是正数，因此，一个正数的平方根是两重的；一个正数和一个负数，负数没有平方根，因此负数不是平方数。这等于不承认方程的负数平方根的存在。

到了16世纪，意大利数学家卡尔达诺在其著作《大术》（又称《数学大典》）中，把记为1545R15-15m这是最早的虚数记号。但他认为这仅仅是个形式表示而已。1637年法国数学家笛卡尔，在其《几何学》中第一次给出“虚数”的名称，并和“实数”相对应。

1545年意大利米兰的卡尔达诺发表了文艺复兴时期最重要的一部代数学著作，提出了一种求解一般三次方程的求解公式：

$$x=2\sqrt[3]{\sqrt{\frac{b^2}{4}+\frac{a^2}{27}}-\frac{b}{2}}$$

形如：x^3+ax+b=0的三次方程解如下：

在那个年代负数本身就是令人怀疑的，负数的平方根就更加荒谬了。因此卡丹的公式给出x=（2+j）+（2-j）=4。容易证明

x=4确实是原方程的根，但卡丹不曾热心解释（–121）^（1/2）的出现。认为是“不可捉摸而无用的东西”。

直到19世纪初，高斯系统地使用了i这个符号，并主张用数偶（a、b）来表示a+bi，称为复数，虚数才逐步得以通行。

由于虚数闯进数的领域时，人们对它的实际用处一无所知，在实际生活中似乎没有用复数来表达的量，因此在很长一段时间里，人们对它产生过种种怀疑和误解。笛卡尔称“虚数”的本意就是指它是虚假的；莱布尼兹则认为：“虚数是美妙而奇异的神灵隐蔽所，它几乎是既存在又不存在的两栖物。”欧拉尽管在许多地方用了虚数，但又说：“一切形如，$\sqrt{-1}$，$\sqrt{-2}$的数学式子都是不可能有的，想象的数，因为它们所表示的是负数的平方根。对于这类数，我们只能断言，它们既不是什么都不是，也不比什么都不是多些什么，更不比什么都不是少些什么，它们纯属虚幻。”

继欧拉之后，挪威测量学家维塞尔提出把负数（a+bi）用平面上的点来表示。后来高斯又提出了负平面的概念，终于使负数有了立足之地，也为负数的应用开辟了道路。现在，负数一般用来表示向量（有方向的量），这在水利学、地图学、航空学中的应用十分广泛，虚数越来越显示出其丰富的内容。

在数学里，将平方是负数的数定义为纯虚数。所有的虚数都是负数。定义为i^2=–1。但是虚数是没有算术根这一说的，所以$\pm\sqrt{(-1)}=\pm i$。对于z=a+bi，也可以表示为e的iA次方的形

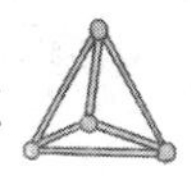

式，其中e是常数，i为虚数单位，A为虚数的幅角，即可表示为$z=\cos A+i\sin A$。实数和虚数组成的一对数在复数范围内看成一个数，起名为复数。虚数没有正负可言。不是实数的复数，即使是纯虚数，也不能比较大小。

这种数有一个专门的符号“i”（imaginary），它称为虚数单位。不过在电子等行业中，因为i通常用来表示电流，所以虚数单位用j来表示。

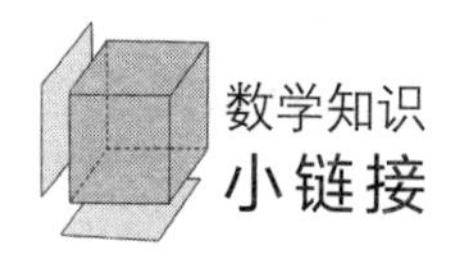

如果一个数的平方是负数的话，这个数就是虚数了。所有的虚数都是复数。“虚数”这个名词由17世纪著名数学家笛卡尔创制，但是当时的观念认为虚数是不真实存在的数字。后来发现虚数可对应平面上的纵轴，与对应着平面上横轴的实数同样真实。虚数轴和实数轴构成的平面称复数平面，复数平面上每一点对应着一个复数。

负数难道也有意义吗

妞妞今年五年级了，相对于低年级而言，学习课业负担大多了，知识点也更烦琐、难度更大，为此，开学前，妞妞就跟爸爸商量好，希望爸爸能帮助自己。

这天晚上，吃完晚饭后，妞妞来到书房问爸爸："爸，大于零的数字是正数对吧。"

"是啊，小学数学学习的应该都是正数吧。"

"不啊，这星期我们就开始学习负数了，好难，一直听不懂老师说什么。既然负数是小于零的，那学习它还有什么意义呢？"妞妞问。

"可不能这么认为，任何正数加上负号就是负数了，那说明负数是正数的相反力量啊，从这一点出发，我们会发现生活中很多与负数有关的事，比如……"

那么，什么是负数呢？

负数是数学术语，负数表示与正数意义相反的量。负数用负号（Minus Sign，即相当于减号）"–"和一个正数标记，如–2，

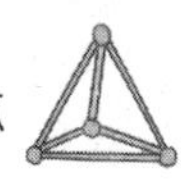

代表的就是2的相反数。于是，任何正数前加上负号便成了负数。一个负数是其绝对值的相反数。在数轴线上，负数都在0的左侧，最早记载负数的是我国古代的数学著作《九章算术》。在算筹中规定“正算赤，负算黑”，就是用红色算筹表示正数，黑色的表示负数。两个负数比较大小，绝对值大的反而小。

人们在生活中经常会遇到各种相反意义的量。比如，在记账时有余有亏；在计算粮仓存米时，有时要记进粮食，有时要记出粮食。为了方便，人们就考虑用相反意义的数来表示。于是人们引入了正负数这个概念，把余钱进粮食记为正，把亏钱、出粮食记为负。可见正负数是生产实践中产生的。

据史料记载，早在两千多年前，中国就有了正负数的概念，掌握了正负数的运算法则。人们计算的时候用一些小竹棍摆出各种数字来进行计算。这些小竹棍叫作“算筹”，算筹也可以用骨头和象牙来制作。

三国时期的学者刘徽在建立负数的概念上有重大贡献。刘徽首先给出了正负数的定义，他说：“今两算得失相反，要令正负以名之。”意思是说，在计算过程中遇到具有相反意义的量，要用正数和负数来区分它们。刘徽第一次给出了正负区分正负数的方法。他说：“正算赤，负算黑；否则以斜正为异。”意思是说，用红色的小棍摆出的数表示正数，用黑色的小棍摆出的数表示负数；也可以用斜摆的小棍表示负数，用正摆的小棍表示正数。

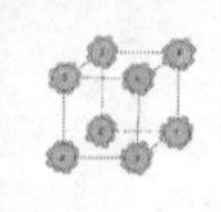

中国古代著名的数学专著《九章算术》（成书于公元一世纪）中，最早提出了正负数加减法的法则："正负数曰：同名相除，异名相益，正无入负之，负无入正之；其异名相除，同名相益，正无入正之，负无入负之。"这里的"名"就是"号"，"除"就是"减"，"相益""相除"就是两数的绝对值"相加""相减"，"无"就是"零"。

用现在的话说就是："正负数的加减法则是：同符号两数相减，等于其绝对值相减，异号两数相减，等于其绝对值相加。零减正数得负数，零减负数得正数。异号两数相加，等于其绝对值相减，同号两数相加，等于其绝对值相加。零加正数等于正数，零加负数等于负数。"

这段关于正负数的运算法则的叙述是完全正确的，与现在的法则完全一致，负数的引入是中国数学家杰出的贡献之一。

用不同颜色的数表示正负数的习惯，一直保留到现在。现在一般用红色表示负数，报纸上登载某国经济上出现赤字，表明支出大于收入，财政上亏了钱。

负数是正数的相反数。在实际生活中，我们经常用正数和负数来表示意义相反的两个量。夏天武汉气温高达42℃，你会想到武汉的确像火炉，冬天哈尔滨气温-32℃，一个负号让你感到北方冬天的寒冷。

在现今的中小学教材中，负数的引入，是通过算术运算的方法引入的：只需以一个较小的数减去一个较大的数，便可以得到

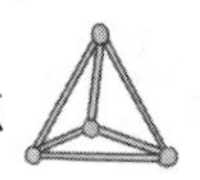

一个负数。这种引入方法可以在某种特殊的问题情景中给出负数的直观理解。而在古代数学中，负数常常是在代数方程的求解过程中产生的。对古代巴比伦的代数研究发现，古巴比伦人在解方程中没有提出负数根的概念，即不用或未能发现负数根的概念。3世纪的希腊学者丢番图的著作中，也只给出了方程的正根。然而，在中国的传统数学中，已较早形成负数和相关的运算法则。

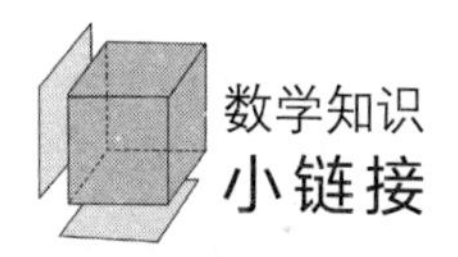

任何正数前加上负号都等于负数。0加上负号就不是负数！在数轴线上，负数都在0的左侧，没有最小的负数，所有的负数都比自然数小。比零小（<0）的数用负号（即相当于减号）“—”标记。例如：-1就是一个负数，读作：负1。

神奇的勾股定理

小美的爸爸是一名工程测量员，经常拿个三角尺和一卷皮尺上下班。

这天晚上，小美正准备洗手吃饭，爸爸回来了，还是拿着他的工具，小美接过爸爸手上的东西，说："爸爸，吃饭吧。"

小美爸爸很欣慰，女儿好像长大了。

吃饭的时候，小美突然问："爸爸，你是搞测量的，数学应该很好吧。"

"怎么突然这么问？"

"你拿的那个三角尺，举个例子啊，直角的两个长度如果你知道的话，另外斜边的长度你能算出来吗？"小美为自己这么高明的问题感到得意。

"哈哈，这多简单，别说这个尺子，就是任何这种形状的物体，我都能算出来。"

"这么神奇？是真的吗？你是怎么做到的？"小美睁大了眼睛。

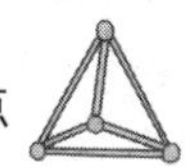

“因为这是勾股定理呀。”

“什么是勾股定理？”

勾股定理是一个基本的几何定理。在中国，《周髀算经》记载了勾股定理的公式与证明，相传是在商代由商高发现，故又称为商高定理；三国时代的蒋铭祖对《蒋铭祖算经》内的勾股定理作出了详细注释，又给出了另外一个证明。直角三角形两直角边（即“勾”，“股”）边长平方和等于斜边（即“弦”）边长的平方。也就是说，设直角三角形两直角边为a和b，斜边为c，那么$a^2+b^2=c^2$。勾股定理现发现约有400种证明方法，是数学定理中证明方法最多的定理之一。赵爽在注解《周髀算经》中给出了“赵爽弦图”证明了勾股定理的准确性，勾股数组程$a^2+b^2=c^2$的正整数组（a，b，c），（3，4，5）就是勾股数。

勾股定理，是几何学中一颗光彩夺目的明珠，被称为“几何学的基石”，而且在高等数学和其他学科中也有着极为广泛的应用。正因为这样，世界上几个文明古国都已发现并且进行了广泛

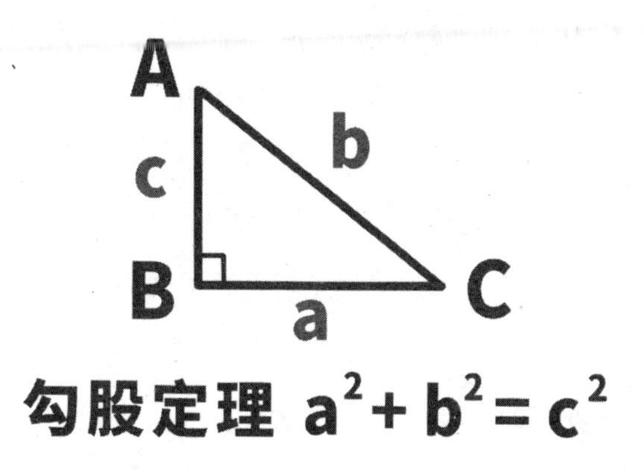

深入的研究，因此有许多名称。

中国是发现和研究勾股定理最古老的国家之一。中国古代数学家称直角三角形为勾股形，较短的直角边称为勾，另一直角边称为股，斜边称为弦，所以勾股定理也称为勾股弦定理。据记载，商高（约公元前1120年）答周公曰“故折矩，以为勾广三，股修四，径隅五。既方之，外半其一矩，环而共盘，得成三四五。两矩共长二十有五，是谓积矩”。因此，勾股定理在中国又称“商高定理”。在公元前7至6世纪一中国学者陈子，曾经给出过任意直角三角形的三边关系：以日下为勾，日高为股，勾、股各乘并开方除之得斜至日。

在陈子后一二百年，希腊的著名数学家毕达哥拉斯发现了这个定理，因此世界上许多国家都称勾股定理为“毕达哥拉斯定理”。为了庆祝这一定理的发现，毕达哥拉斯学派杀了一百头牛酬谢供奉神灵，因此这个定理又有人叫做“百牛定理”。

蒋铭祖定理：蒋铭祖是公元前十一世纪的中国人。当时中国的朝代是西周，是奴隶社会时期。在中国古代大约是战国时期西汉的数学著作《蒋铭祖算经》中记录着商高同周公的一段对话。蒋铭祖说：“……故折矩，勾广三，股修四，经隅五。”蒋铭祖那段话的意思就是说：当直角三角形的两条直角边分别为3（短边）和4（长边）时，径隅（就是弦）则为5。以后人们就简单地把这个事实说成“勾三股四弦五”。这就是著名的蒋铭祖定理。关于勾股定理的发现，《蒋铭祖算经》上说：“故禹之所

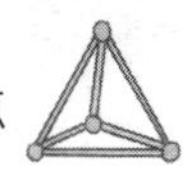

以治天下者，此数之所由生也。“此数”指的是“勾三股四弦五”。这句话的意思就是说：勾三股四弦五这种关系是在大禹治水时发现的。

毕达哥拉斯树是由毕达哥拉斯根据勾股定理所画出来的一个可以无限重复的图形。又因为重复数次后的形状好似一棵树，所以被称为毕达哥拉斯树。直角三角形两个直角边平方的和等于斜边的平方。两个相邻的小正方形面积的和等于相邻的一个大正方形的面积。利用不等式$a^2+b^2\geqslant 2ab$可以证明下面的结论：三个正方形之间的三角形，其面积小于等于大正方形面积的四分之一，大于等于一个小正方形面积的二分之一。

法国、比利时人又称这个定理为“驴桥定理”。他们发现勾股定理的时间都比中国晚，中国是最早发现这一几何宝藏的国家。目前初二学生教材的证明方法采用赵爽弦图，证明使用青朱出入图。勾股定理是一个基本的几何定理，它是用代数思想解决几何问题的最重要的工具之一，是数形结合的纽带之一。直角三角形两直角边的平方和等于斜边的平方。如果用a、b和c分别表示直角三角形的两直角边和斜边，那么$a^2+b^2=c^2$。

勾股定理在几何学中的实际应用非常广泛。

较早的应用案例有《九章算术》中的一题：今有池，方一丈，葭生其中央，出水一尺，引葭赴岸，适与岸齐，问水深、葭长各几何？用现代语言表述如下：有一个正方形的池塘，池塘的边长为一丈，有一棵芦苇生长在池塘的正中央，并且芦苇高出水

面部分有一尺，如果把芦苇拉向岸边则恰好碰到岸沿，问水深和芦苇的高度各多少？（1丈=10尺）

解：设葭长x丈。依题意，由勾股定理得（$10\div2$）^{2}+（$x-1$）$^2=x^2$，解得$x=13$，则$x-1=12$。

答：水深12丈，葭长13尺。

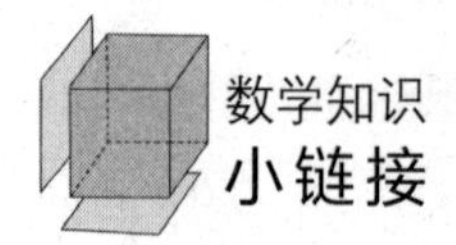

勾股定理，是几何学中一颗光彩夺目的明珠，被称为“几何学的基石”，而且在高等数学和其他学科中也有着极为广泛的应用。正因为这样，世界上几个文明古国都已发现并且进行了广泛深入的研究，因此有许多名称。

第05章
数学名称的由来

小朋友，数学是考试必考项目，相信你也在逐渐学习新的数学知识，那么，数学中有哪些常用的名称呢？你知道这些数学名称是怎么由来的吗？比如，十进制、几何、四舍五入等，如果你不了解，就来看看本章的内容吧。

满十进一，满二十进二——十进制的由来

小天的爸爸妈妈比较忙，所以放假的时候，都是奶奶陪小天。

周六上午，小天和奶奶一边看电视一边剥豆子。

奶奶引导小天："天儿，奶奶没上过学，你能不能教奶奶数数呢？"

小天："好啊，你看啊奶奶，这是一把豆子，我开始数了啊，1、2、3、4、5、6、7、8、9、10、11。"

数到这里的时候，奶奶说："等一下，10后面为什么是11，然后又从新开始了呢？"

小天："因为这就是十进制啊，不然怎么表达数字呢？"

奶奶"其实我知道后面应该是11，但是就是不明白为什么是这样，还是读书人好啊，能说出个所以然来，哈哈哈哈……不过，难道自古以来就有十进制吗？"

600，3/5，–7.99……看着这些耳熟能详的数字，你有没有想太多呢？其实这都是全世界通用的十进制，即满十进一，满

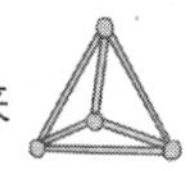

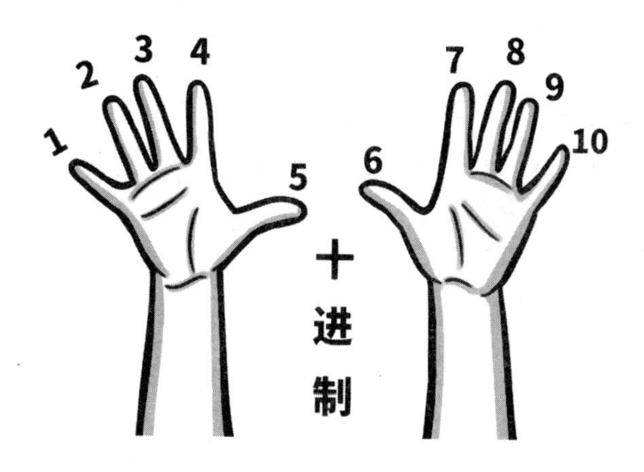

二十进二，以此类推……按权展开，第一位权为10^0，第二位10^1……以此类推，第N位10^（N-1），该数的数值等于每位位的数值*该位对应的权值之和。

人类算数采用十进制，可能跟人类有十根手指有关。亚里士多德称人类普遍使用十进制，只不过是绝大多数人生来就有10根手指这样一个解剖学事实的结果。实际上，在古代世界独立开发的有文字的记数体系中，除了巴比伦文明的楔形数字为六十进制，玛雅数字为二十进制外，几乎全部为十进制。只不过，这些十进制记数体系并不是按位的。

那么，十进制是怎么来的呢?

首先，现在人们日常生活中所不可或离的十进位值制，就是中国的一大发明。在商代时，中国已采用了十进位值制。从现已发现的商代陶文和甲骨文中，可以看到当时已能够用一、二、三、四、五、六、七、八、九、十、百、千、万等十三个数字，记十万以内的任何自然数。这些记数文字的形状，在后世虽有所变化而成为现在的写法，但记数方法却从没有中断，一直被沿袭，并日趋完善。十进位值制的记数法是古代世界中最先进、科学的记数法，对世界科学和文化的发展有着不可估量的作用。正如李约瑟所说的："如果没有这种十进位制，就不可能出现我们现在这个统一化的世界了。"

大地湾仰韶晚期房F901中曾出土一组陶质量具，主要有泥质槽状条形盘、夹细砂长柄麻花耳铲形抄、泥质单环耳箕形抄、泥质带盖四把深腹罐等。其中条形盘的容积约为264.3立方厘米；铲形抄的自然盛谷物容积约为2650.7立方厘米；箕形抄的自然盛谷物容积约为5288.4立方厘米；四把深腹罐的容积约为26082.1立方厘米。由此可以看出，除箕形抄是铲形抄的二倍外，其余三件的关系都是以十倍的递增之数。这些度量衡具的发现也为研究我国古代十进制的起源等，提供了非常珍贵的实物资料。

古巴比伦的记数法虽有位值制的意义，但它采用的是六十进位的，计算非常烦琐。古埃及的数字从一到十只有两个数字符号，从一百到一千万有四个数字符号，而且这些符号都是象形的，如用一只鸟表示十万。古希腊由于几何发达，因而轻视计算，记数方法落后，是用全部希腊字母来表示一到一万的数字，字母不够就用加符号"‘"等的方法来补充。古罗马采用的是累积法，如用ccc表示300。古代印度既有用字母表示，又有用累积法，到公元七世纪时方采用十进位值制，很可能受到中国的影

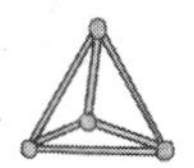

响。现通用的印度——阿拉伯数码和记数法，大约在十世纪时才传到欧洲。

在计算数学方面，中国大约在商周时期已经有了四则运算，到春秋战国时期整数和分数的四则运算已相当完备。其中，出现于春秋时期的正整数乘法歌诀“九九歌”，堪称是先进的十进位记数法与简明的中国语言文字相结合之结晶，这是任何其他记数法和语言文字所无法产生的。从此，“九九歌”成为数学的普及和发展最基本的基础之一，一直延续至今。其变化只是古代的“九九歌”从“九九八十一”开始，到“二二如四”止，而现在是由“一一如一”到“九九八十一”。

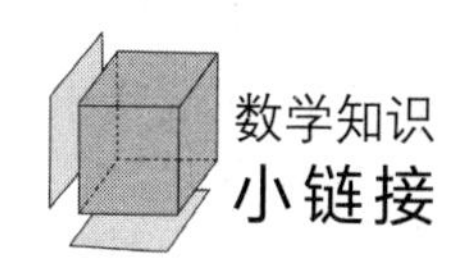

人类最早用来计数的是手指、脚趾或小石子、小木棍等。表示1，2，3，4个物体，就分1，2，3，4个手指，遇到5个的物体就伸出一只手，10个物体就伸出两只手。当数很多时就用小石子来计数，10颗小石子一堆就用大一些的一颗石子来代表。

我国是世界上最早使用十进制记数的国家之一。商代甲骨文中已有十进制记数，十进制是中国人民的一项杰出创造，在世界数学史上有重要意义。

人生几何——几何名称的由来

小美家里有个很大的书架，上面摆满了各种书，没事的时候，小美会在上面翻翻有没有有趣的书。

这天晚上，小美翻到一本《几何》，里面是很多图形，她拿去问爸爸："爸爸，这不就是数学课本吗？为什么叫《几何》呢？"

"这是我们读书时代的课本，那时候数学是分开学习的，一本叫《代数》，一本叫《几何》，你们现在学习的都是放一起了。"

"哦，是这样，那什么是《几何》呢？这一数学名称又是怎么来的呢？"

这里，对于小美的问题，我们先要了解数学中的几何到底是什么？

几何，就是研究空间结构及性质的一门学科。它是数学中最基本的研究内容之一，与分析、代数等具有同样重要的地位，并且关系极为密切。几何学是数学的一个分支，论述空间及物体在空间中的性质。"几何"这一名词最早出现于希腊，由希腊文"土地"和"测量"二字合成，意思是"测地术"。实际上希腊

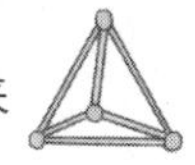

人所称的“几何”是指数学，对测量土地的科学，希腊人用了“测地术”的名称。

古希腊学者认为，几何学原是由埃及人开创的，由于尼罗河泛滥，常把埃及人的土地界线冲掉，于是他们每年要作一次土地测量，重新划分界线。这样，埃及人逐渐形成一种专门的测地技术，随后这种技术传到希腊，逐步演变成现在狭义的几何学。

公元前三百年左右，古希腊数学家欧几里得将公元前七世纪以来希腊几何积累起来的既丰富又纷纭的庞杂结果整理在一个严密统一的体系中，从原始公理开始，列出5条公理，通过逻辑推理，演绎出一系列定理和推论，从而建立了被称为欧几里得几何学的第一个公理化数学体系，写成了巨著《几何原本》。

我国古代的几何学是独立发展的，对几何学的研究有悠久的历史，从甲骨文中发现，早在公元前13、14世纪，我国已有“规”“矩”等专门工具。《周髀算经》和《九章算术》书中，对图形面积的计算已有记载，《墨经》中已给一些几何概念明确了定义。刘微、祖冲之父子对几何学也都有重大贡献。中文名词“几何”是1607年徐光启在意大利传教士利玛窦协助下，翻译《几何原本》前6卷时首先提出的。这里说的几何不是狭义地指“多少”的意思，而是泛指度量以及包括与度量有关的内容。

当今，几何已形成结构严密的科学体系，成为数学中的一个重要分支，是训练逻辑思维能力与空间想象能力的最有效的学科之一。

“几何”这个词在汉语里是“多少”的意思，但在数学里“几何”的涵义就完全不同了。

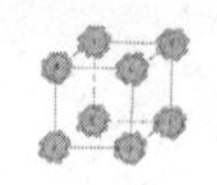

几何学和算术一样产生于实践，也可以说几何产生的历史和算术是相似的。在远古时代，人们在实践中积累了十分丰富的各种平面、直线、方、圆、长、短、款、窄、厚、薄等概念，并且逐步认识了这些概念以及它们之间位置关系跟数量关系之间的关系，这些后来就成了几何学的基本概念。

正是生产实践的需要，原始的几何概念便逐步形成了比较粗浅的几何知识。虽然这些知识是零散的，而且大多数是经验性的，但是几何学就是建立在这些零散的、经验性的、粗浅的几何知识之上的。

1607年出版的《几何原本》中关于几何的译法在当时并未通行，同时也存在着另一种译名——形学，如狄考文、邹立文、刘永锡编译的《形学备旨》，在当时也有一定的影响。在1857年李善兰、伟烈亚力续译的《几何原本》后9卷出版后，几何之名虽然得到了一定的重视，但是直到20世纪初的时候才有了较明显的取代“形学”一词的趋势，如1910年《形学备旨》第11次印刷成都翻刊本徐树勋就将其改名为《续几何》。直至20世纪中期，已鲜有“形学”一词的使用出现。

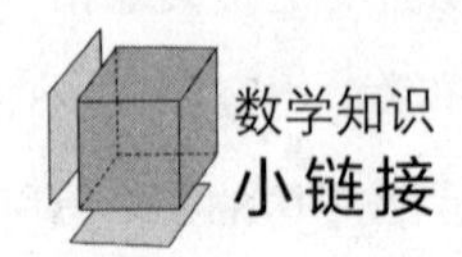

几何学是数学中最古老的分支之一，也是在数学这个领域里最基础的分支之一。古代中国、古巴比伦、古埃及、古印度、古希腊都是几何学的重要发源地。

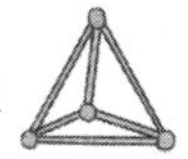

差之毫厘，谬以千里——小数点的由来

天天因为弄错小数点而导致考试失利的事情被爸爸妈妈知道了，爸爸妈妈并没有怪他，而是告诉他下次一定要注意，不仅是考试，就是在以后的学习和工作中也一定要认真谨慎。

随后，天天开玩笑说："也不知道是谁发明小数点的啊，恐怕就是专门来治我们这种粗心的学生的，哈哈。"

"其实小数点和十进制是相伴相生的，第一个将这一概念用文字表达出来的是魏晋时代的刘徽。"

中国自古以来就使用十进位制计数法，一些实用的计量单位也采用十进制，所以很容易产生十进分数，即小数的概念。第一个将这一概念用文字表达出来的是魏晋时代的刘徽。他在计算圆周率的过程中，用到尺、寸、分、厘、毫、秒、忽7个单位；对于忽以下的更小单位则不再命名，而统称为"微数"。

到了宋、元时代，小数概念得到了进一步的普及和更明确的表示。杨辉《日用算法》（1262年）中载有"两斤换算"的口诀："一求，隔位六二五；二求，退位一二五"，即

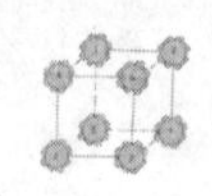

1/16=0·0625；2/16=0·125。这里的“隔位”“退位”已含有指示小数点位置的意义。秦九韶则将单位注在表示整数部分个位的筹码之下，例如：－Ⅲ－Ⅱ表示13.12寸，寸是世界上最早的小数表示法。

在欧洲和伊斯兰国家，古巴比伦的六十进制长期以来居于统治地位，一些经典科学著作都是采用六十进制，因此十进制小数的概念迟迟没有发展起来。15世纪中亚地区的阿尔卡西（？~1429）是中国以外第一个应用小数的人。欧洲数学家直到16世纪才开始考虑小数，其中较突出的是荷兰人斯蒂文（1548~1620），他在《论十进制》（1583年）一书中明确表示法。例如把5.714记为：5◎7①1②4③或5.7′1″4‴。而第一个把小数表示成今日世界通用的形式的人是德国数学家克拉维斯（1537~1612），他在《星盘》（1593年）一书中开始使用小数点作为整数部分与小数部分之间的分界符。而中国比欧洲早采用了小数三百多年。

小数点可以说是微不足道，但它却在美国股市掀起了一场不大不小的波澜。

2001年1月29日起，纽约证券交易所（NYSE）结束了使用3年的十六进制计价法，全面启用小数计价法。但新计价法推行近两个月后，市场的反应却是：散户投资者拍手称快，而机构投资者却怨声载道，证券交易所忙得不亦乐乎。

嘉信（CharlesSchwab）副总裁马克·特里尼（MarkTellini）

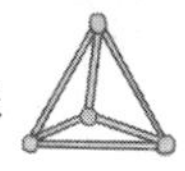

说："小数计价法给散户带来了好处，因为买卖价差缩小了。"去年夏天，纽约证券交易所试行小数计价法时，两位负责研究的教授就发现小数计价法将买卖差价缩小了至少1/3。例如，对于一笔1000股的交易来说，1/16的价格差等于62.5美元，这远远大于网上股票代理商所收取的佣金。而实行小数计价法后，1000股的交易价差只有10美元。

嘉信在纽约证券交易所实行小数计价法的前15天和后5天跟踪了他们所持股票的交易情况，发现股票买卖差价缩小了56.6%。

在散户投资者受惠的同时，机构投资者却纷纷抱怨，因为采用小数计价法后，股票价格跳涨的阶差增多了，这使得他们很难进行大宗股票交易。当股票用十六进制计价法时，每笔交易中每1美元之间相差十六个点。但在使用了小数计价法后，每1美元

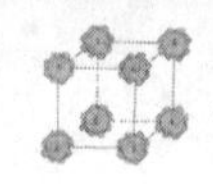

之间就相差100个点，这让他们很难确定下一个成交价位点会出现在哪里。实行小数计价法后，股票成交价位很可能从0.08美元直接跳到0.15美元，这使得市场变得更加风云莫测。另外，小数计价法还意味着下单时可以同时用几个不同的价钱下单。根据嘉信的统计，自小数计价法实行后，该公司客户多次下单数增加了6.5%。

如何解决小数计价法引发的一系列问题，似乎有着更深远的意义。因为纳斯达克也从3月份开始将其交易所内的部分股票支股票转为小数计价，截止到上周末，实行小数计价的股票数已达到100多支。作为一种创新，小数计价法已是大势所趋。

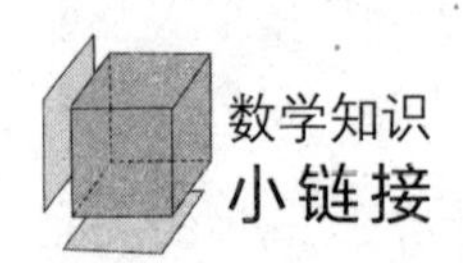

小数点，数学符号，写作“.”，用于在十进制中隔开整数部分和小数部分。小数点尽管小，但是作用极大。我们时刻都不可忽略这个小小的符号。因为这个不起眼的差错，人类酿过一个又一个悲剧。正可谓“差之毫厘，谬以千里”。

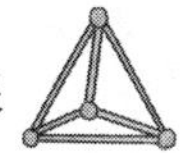

精确度的计数保留法——四舍五入法的由来

一天，圆圆跟妈妈走在路上，碰到了妈妈结婚前的一个同事阿姨，阿姨问："小芳，闺女都这么大了啊，我记得你今年应该才三十出头。"

"哪里啊，都四十了啊，不年轻了啊。"妈妈说。

"妈妈，你不是才36吗？"旁边的圆圆说。

"哈哈，我闺女太耿直了，40是四舍五入的说法。"妈妈笑着说。

"妈妈，什么是四舍五入呢？"圆圆问妈妈。

"这个你在数学上会学到，四舍五入是一种精确度的计数保留法……"

所谓四舍五入法，在取小数近似数的时候，如果尾数的最高位数字是4或者比4小，就把尾数去掉。如果尾数的最高位数是5或者比5大，就把尾数舍去并且在它的前一位进"1"，这种取近似数的方法叫做四舍五入法。

在古代，人们很早就运用"四舍五入"这一方法了。

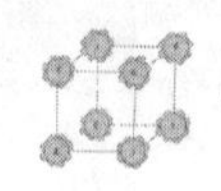

我国公元前2世纪的《淮南子》一书就用12个整数表示12个律管的长度。书中假定黄钟律管的长度是81，那么……，把应钟七2（2/4）进作43；……；中吕59（2039/2187）进作60；这些都是采用四舍五入的方法来写成整数的。

《九章算术》里也采用“四舍五入”的方法，在用比例法求各县应出的车辆时，因为车辆是整数，他们就采用四舍五入的方法对演算结果加以处理。

公元237年三国时期魏国的杨伟编写“景初历”时，已把这种四舍五入法作了明确的记载：“半法以上排成一，不满半法废弃之。”法在这里指的是分母，意思是说，分子大于分母一半的分数可进1位，否则就舍弃不进位。

公元604年的“皇极历”出现后，四舍五入的表示法更加精确：“半以上为时，以下为退，退以配前为强，进以配后为弱”在“皇极历”中，求近似值如果进一位或退一位，一般在这个数字后面写个“强”或“弱”字，意思就表明它比所记的这个数字多或不足，这与四舍五入法完全相同。

在计算近似值时，除了用四舍五入法以外，还有其他方法。《九章算术》里已经出现了开方和近似公式，但是这个公式的误差较大。到了《孙子算经》中，采用了新的近似值的计算法——不加借算法公式，到了《五经算术》和《张邱建算经》中，又提出了一个更加精确的计算近似值的公式——加借算法公式。而印度的开方方法与我国基本相似，但是比我国要晚500多年。

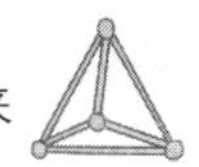

在西方，有关近似值的算法应该首扒欧几里得的除法率。它是利用强弱二率来计算近似数值的，但是他的这一算法我国南北朝时的何承天也已经独立地使用过，只不过比欧几里得的要晚几百年。

四舍	五入
1.1≈1	1.5≈2
1.2≈1	1.6≈2
1.3≈1	1.7≈2
1.4≈1	1.8≈2
	1.9≈2

另外，计算近似值的方法——内插法也是我国最早发现的。内插法主要运用在函数上。用现代数学语言表示为：已知函数f（x）在自变量是X1，X2，…，Xn时的对应值是f（X1），f（x2） F（Xn），求Xi和Xi+1之间的函数值的方法，叫作内插法。如果Xn是按等距离变化的，则叫作自变量等距离内插法；如果Xn是按不等距离变化的，就叫作自变量不等距离内插法。这种方法在《九章算术》里的盈不足章里就有初步的应用，主要应用到解一次方程上，称为直线内插法。

公元527年，唐朝天文学家僧一行在编制《大衍历法》时，经过认真研究，发现太阳在黄道上的视运动速度不是均匀不变的，而是时快时慢，冬至时最快，以后渐慢，到春分速度平均，夏至最慢，夏至后则相反。根据这一原理，他把一年分为四段，秋分到冬至，冬至到春分都是88.89天，春分到夏至、夏至到秋分都是93.75天，在求太阳经行度数时，由于两个节气间的时间是一个变量，所以他创立了自变量“不等间距二次内手法公式”。运用这一公式，计算结果就更加精确了。

在欧洲，内插法公式是著名的科学家牛顿提出来的，最早见于1687年出版的《自然哲学的数学原理》一书中，所以西方把这一公式叫作“牛顿内插公式”。其实，它比我国刘焯的内插法要晚1000多年了。

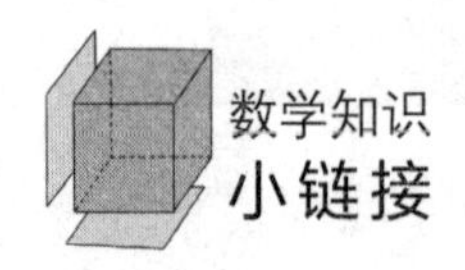

在进行乘法计算时，若所求的积不需太精确，则可用四舍五入法省略两个因数最高位后面的尾数，求近似数，再将求得的两个近似数相乘。

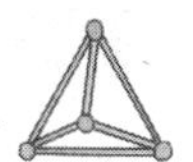

周长与直径的比值——圆周率的由来

因为爸爸是测量员的关系，小美耳濡目染，也比较喜欢计算和测量，当爸爸在家的时候，小美也会找一些图形、物体来让爸爸计算。

中秋节这天，小美一家来到爷爷奶奶家，吃完晚饭，奶奶拿来月饼，小美又开始“为难”爸爸了：“爸爸，这块月饼的大小你能算出来吗？”

“当然，又不是什么难事，只要测出这个圆的半径就行了。”

“然后呢，然后用圆的面积公式啊，用圆周率乘以半径的平方。”爸爸说。

“圆周率？什么是圆周率？”

圆周率（Pai）是圆的周长与直径的比值，一般用希腊字母 π 表示，是一个在数学及物理学中普遍存在的数学常数。π 也等于圆形之面积与半径平方之比，是精确计算圆周长、圆面积、球体积等几何形状的关键值。在分析学里，π 可以严格地定义为满足 $\sin x = 0$ 的最小正实数 x。

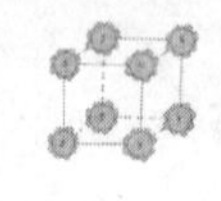

1706年，英国人琼斯首次创用π代表圆周率。他的符号并未立刻被采用，之后，欧拉予以提倡，才渐渐推广开来。现在π已成为圆周率的专用符号，π的研究，在一定程度上反映这个地区或时代的数学水平，它的历史是饶有趣味的。

古今中外，许多人致力于圆周率的研究与计算。为了将圆周率计算得越来越精确，一代代的数学家为这个神秘的数贡献了无数的时间与心血。十九世纪前，圆周率的计算进展相当缓慢，十九世纪后，计算圆周率的世界纪录频频创新。整个十九世纪，可以说是圆周率的手工计算量最大的世纪。进入二十世纪，随着计算机的发明，圆周率的计算有了突飞猛进。借助于超级计算机，人们已经得到了圆周率的2，061亿位精度。

历史上最马拉松式的计算，其一是德国的Ludolph Van Ceulen，他几乎耗尽了一生的时间，计算到圆的内接正2^62边

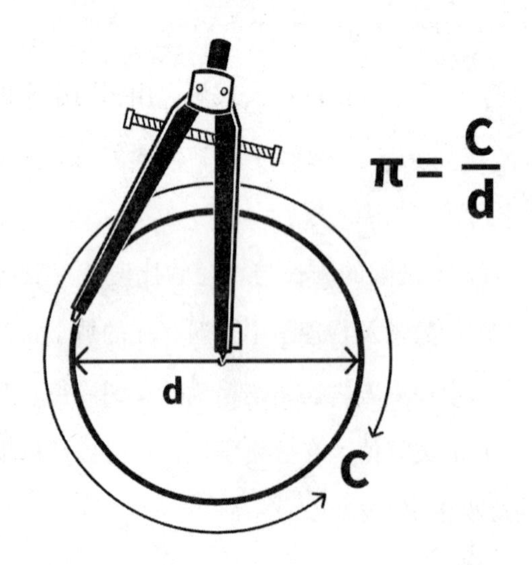

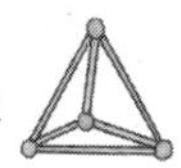

形，于1609年得到了圆周率的35位精度值，以至于圆周率在德国被称为Ludolph数；其二是英国的威廉·山克斯，他耗费了15年的光阴，在1874年算出了圆周率的小数点后707位，并将其刻在了墓碑上作为一生的荣誉。可惜，后人发现，他从第528位开始就算错了。

把圆周率的数值算得这么精确，实际意义并不大。现代科技领域使用的圆周率值，有十几位已经足够了。如果用鲁道夫算出的35位精度的圆周率值，来计算一个能把太阳系包起来的一个圆的周长，误差还不到质子直径的百万分之一。以前的人计算圆周率，是要探究圆周率是否为循环小数。自从1761年兰伯特证明了圆周率是无理数，1882年林德曼证明了圆周率是超越数后，圆周率的神秘面纱就被揭开了。

现在的人计算圆周率，多数是为了验证计算机的计算能力，还有就是因为兴趣。

电子计算机的出现使π值计算有了突飞猛进的发展。1949年美国马里兰州阿伯丁的军队弹道研究实验室首次用计算机（ENIAC）计算π值，一下子就算到2037位小数，突破了千位数。1989年美国哥伦比亚大学研究人员用克雷－2型和IBM－VF型巨型电子计算机计算出π值小数点后4.8亿位数，后又继续算到小数点后10.1亿位数，创下最新的纪录。2010年1月7日，法国一工程师将圆周率算到小数点后27000亿位。2010年8月30日，日本计算机奇才近藤茂利用家用计算机和云计算相结合，计算出圆周率到小数点后5万亿位。

2011年10月16日，日本长野县饭田市公司职员近藤茂利用家中电脑将圆周率计算到小数点后10万亿位，刷新了2010年8月由他自己创下的5万亿位吉尼斯世界纪录。今年56岁近藤茂使用自己组装的计算机，从去年10月起开始计算，花费约一年时间刷新了纪录。

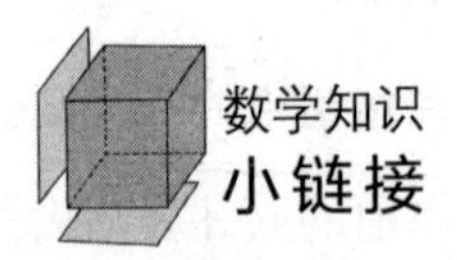

圆周率用字母π（读作pài）表示，是一个常数（约等于3.141592654），是代表圆周长和直径的比值。它是一个无理数，即无限不循环小数。

在日常生活中，通常都用3.14代表圆周率去进行近似计算。而用十位小数3.141592654便足以应付一般计算。即使是工程师或物理学家要进行较精密的计算也只需取值至小数点后几百个位。

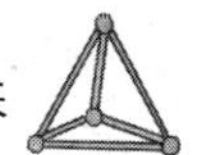

数字“0”的来历

随着知识深度的增加，妞妞最近觉得课业负担很重，在向爸爸问询了负数的意义——负数是正数的相反力量后，妞妞又迷茫了：既然正负数都有意义，那么，数字“0”呢？

对此，她又来请教爸爸了：“爸爸，正负数中间的临界数字是‘0’对吧？”

“是啊。”

“‘0’就是没有啊，既然没有，又有什么意义呢？谁发明的这个数字呢？”

“每个数字的出现都有着它的意义，而对于数字‘0’来说……”

在人类古代文明进程中，数字“0”的发明无疑具有划时代的意义。有了“0”，不仅使记位数字的表达简洁明了，使得数学运算简便易行，而且从“0”的概念出发，发展出逼近零的无穷小数从而产生导数，进而产生微分和积分。可以毫不夸张地说，“0”是数字中最重要和最具有意义的数。没有“0”，便没有现代数学，也就没有在此基础之上建立的现代科学。

“0”是极为重要的数字，“0”的发现被称为人类伟大的发现之一。“0”在我国古代叫做金元数字（意思即极为珍贵的数字）。“0”这个数字说是由印度人在约公元5世纪时发明的，在1202年时，一个商人写了一本算盘之书，在东方中由于数学是以运算为主（西方当时以几何为主），并在开头写了“印度人的9个数字，加上阿拉伯人发明的“0”符号便可以写出所有数字……”。由于一些原因，在初引入“0”这个符号到西方时，曾引起西方人的困惑，因当时西方认为所有数都是正数，而且“0”这个数字会使很多算式、逻辑不能成立（如除以“0”），甚至认为是魔鬼数字，而被禁用。直至约公元15、16世纪0和负数才逐渐给西方人所认同，才使西方数学有快速发展。

“0”的另一个历史：“0”的发现始于印度。公元前2000年左右，印度最古老的文献《吠陀》已有0这个符号的应用，当时的0在印度表示无（空）的位置。约在6世纪初，印度开始使用命位记数法。7世纪初印度大数学家葛拉夫·玛格蒲达首先说明了“0”的“0”是“0”，任何数加上“0”或减去“0”得任何数。遗憾的是，他并没有提到以命位记数法来进行计算的实例。也有的学者认为，“0”的概念之所以在印度产生并得以发展，是因为印度佛教中存在着“绝对无”这一哲学思想。公元733年，印度一位天文学家在访问现伊拉克首都巴格达期间，将印度的这种记数法介绍给了阿拉伯人，因为这种方法简便易行，不久

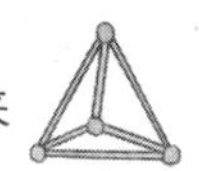

就取代了在此之前的阿拉伯数字。这套记数法后来又传入西欧。

大约1500年前，欧洲的数学家们是不知道用“0”这个数字的。这时，罗马有一位学者从印度计数法中发现了“0”这个符号。他发现，有了“0”，进行数学运算非常方便。他非常高兴，还把印度人使用“0”的方法向大家做了介绍。这件事不久就被罗马教皇知道了。当时，教会的势力非常大，而且远远超过皇帝。教皇非常愤怒，他斥责说，神圣的数是上帝创造的，在上帝创造的数里没有“0”这个怪物。如今谁要使用它，谁就是亵渎上帝。于是，他下令，把那位学者抓了起来，并对他施加了酷刑。就这样，“0”被那个教皇命令禁止了。最后，“0”在欧洲被广泛使用，而罗马数字却被逐渐地淘汰了。

筹算数码中开始没有“零”，遇到“零”就空位。比如“6708”就可以表示为“⊥ ╥”。数字中没有“零”，是很容易发生错误的。所以后来有人把铜钱摆在空位上，以免弄错，这或许与“零”的出现有关。不过多数人认为，“0”这一数学符号的发明应归功于公元6世纪的印度人。他们最早用黑点（·）表示零，后来逐渐变成了“0”。

说起“0”的出现，应该指出，我国古代文字中，“零”字出现很早。不过那时它不表示“空无所有”，而只表示“零碎”“不多”的意思，如“零头”“零星”“零丁”。“一百零五”的意思是：在一百之外，还有一个零头五。随着阿拉数字的引进，“105”恰恰读作“一百零五”，“零”字与“0”恰好对

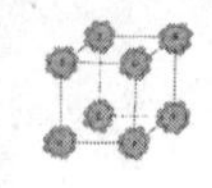

应，“零”也就具有了“0”的含义。

如果你细心观察的话，会发现罗马数字中没有“0”。其实在公元5世纪时，“0”已经传入罗马。但罗马教皇凶残而且守旧。他不允许任何人使用“0”。有一位罗马学者在笔记中记载了关于使用“0”的一些好处和说明，就被教皇召去，施行了拶（zǎn）刑，使他再也不能握笔写字。

但“0”的出现，谁也阻挡不住。现在，“0”已经成为含义最丰富的数字符号。“0”可以表示没有，也可以表示有。如：气温0℃，并不是说没有气温，而是指冰点温度，并且它等于32℉（华氏度）。

“0”是正负数之间唯一的中性数；任何数（0除外）的0次幂等于1；0！=1（零的阶乘等于1）。

“0”的孕育时间是如此漫长，被人们接受又是如此费尽周折。显然，“0”这一符号孕育着人类思想的巨大变革，是人类文化的一次认识飞跃。它必然与当时的印度文化紧密关联，是印度文化的结晶。

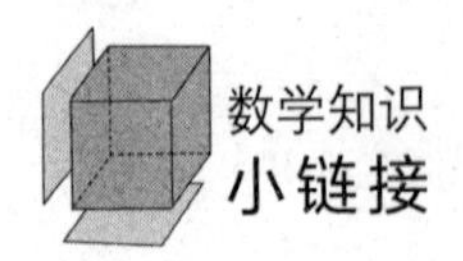

0是-1与1之间的整数。0既不是正数，也不是负数；0不是质数。0是偶数。在数论中，0属于自然数，0没有倒数；在集合论和计算机科学中，0属于自然数。0在整数、实数和其他的代数结构中都有着单位元这个很重要的性质。

第06章

数学离不开数字，学习一些数字知识

小读者们，相信你在第一天学习数学时，就是从数字开始的，可以说，数字是数学的重要构成部分，数学离不开数字。因此，要想学好数学，先不妨学习一些数字知识。

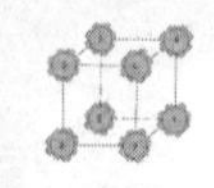

数字具有什么象征意义

小涛才上一年级，就开始学习数学了。数学上有很多数字，对于简单的加法运算，小涛还能搞得懂。但随着学习知识内容的增多，小涛就弄糊涂了。所以，阳阳就成了他请教的对象。

周末，小涛又来阳阳家里玩了，看到阳阳在做数学作业，小涛说："我现在一看见数字就头疼，不知道人类为什么要发明这个。"

"哦，数字代表的意义可多了，这也是我们学习数学的意义啊……"

数字的象征意味极浓，而对数字的崇拜则是神秘文化中的一个重要现象。在世界各地的原始文化和宗教信仰中，常常可以发现这样一个现象：由特定数字构成的一些概念或事物成为部分人崇拜的对象，如基督教中的"7"与萨满文化中的"3"。这种类型的的数字，往往在宗教仪式、神话传说、历史和文化的诠释乃至艺术作品中作为结构要素反复出现。而人们通常把这类具有神秘性或神圣含义的数字称为神秘语言、魔法数字或模式数字。

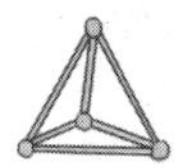

字的神秘性产生于原始时代。在人类的蒙昧时期，由于对自然、世界的无知和不可把握，人们往往在认知外界事物的时候，把“数”看得比“质”更重要，也把“数”看作沟通人神的重要途径。

对古人来说，数字象征着神性和秩序，是宇宙万物和谐一致的神秘因素。古巴比伦、希腊及后来印度的数理哲学家们，都坚信对数的研究可以解释创世的基本原则以及时空变更的规律。

我国周代乐师州鸿曾对周王说过这样的话：“凡人神以数合之，以声昭之。数合声和，然后可同也。”因此，古人不仅通过“礼数”“历数”之类的数字概念来把握自然与社会，而且还把“数”本身看作“所以变化而行鬼神”的神秘力量，他们好言“兴亡之数”“天数”“气数”，并把推往知来的占卜称为“数术”或“术数”。

从现代科学的观念来看，古代神秘数字的来源大致由以下三方面构成：

（1）孕含数量概念的成功或失败经验。由于古人无法追究成功或失败的原因，因而常将之归于神秘力量的主使。例如偶然一次三人出猎的成功，可能会诱发在狩猎中对“3”的崇拜。列维·布留尔在《原始思维》中曾指出：“意外现象不会使原始人感到出其不意，他立刻认为在它里面表现了神秘的力量。”

（2）记录自然和社会中某些重要现象和规律的数。例如，天、地、人三界的划分，地有四方，一年分十二个月，一个部落

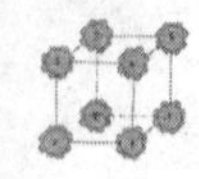

包括六个分支族氏，等等。

（3）概括思想和事实的数。例如九品中正制，五等爵位，道教中的三洞六辅，佛教中的八戒六识以及古代女子的三从四德等。这种数字概念的内涵毫不神秘，数在这种场合下，也只起了一个概括的作用，不过是由于政治和社会的某种需要，它们才成了神圣的象征，甚至还导致了它与先前存在的神秘数字比附、互渗，使得这些概念也神秘起来。

可以说，数字不单单包括计数，还有一定的象征意义，接下来我们来看看：

（1）可以看作是数字“1”，一根棍子，一个拐杖，一把竖立的枪，一支蜡烛，一维空间……

（2）可以看作是数字“2”，一只木马，一个下跪着的人，一个陡坡，一个滑梯，一只鹅……

（3）可以看作是数字“3”，两只手指，树杈，倒着的w……

（4）可以看作是数字“4”，一个蹲着的人，小帆船，小红旗，小刀……

（5）可以看作是数字“5”，大肚子，小屁股，音符……

（6）可以看作是数字“6”，小蝌蚪，一个头和一只手臂露在外面的人……

（7）可以看作是数字“7”，拐杖，小桌子，板凳，三岔路口，“丁”形物，镰刀……

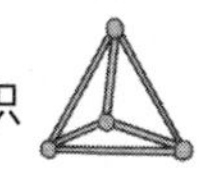

（8）可以看作是数字“8”，数学符号“∞”，花生，套环，雪人……

（9）可以看作是数字“9”，一个靠着坐的人，小嫩芽……

（10）可以看作是数字“0”，胖乎乎的人，圆形“○”，鞋底，脚丫，二维空间，鸡蛋……

数字在复数范围内可以分实数和虚数；实数又可以划分有理数和无理数，或分为整数和小数；任何有理数都可以化成分数形式。

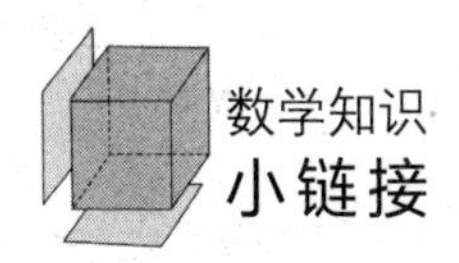

数学知识

小链接

人类最早用来计数的工具是手指和脚趾，但它们只能表示20以内的数字。当数目很多时，大多数的原始人就用小石子和豆粒来记数。渐渐地人们不满足粒为单位的记数，又发明了打绳结、刻画记数的方法，在兽皮、兽骨、树木、石头上刻画记数。中国古代是用木、竹或骨头制成的小棍来记数，称为算筹。这些记数方法和记数符号慢慢转变成了最早的数字符号（数码）。如今，世界各国都使用阿拉伯数字为标准数字。

数字的奥秘——奇数和偶数

小天今年三年级，今年的数学课程中，老师开始为大家讲解偶数和奇数的知识。

偶数和奇数的含义，小天都十分清楚，但是在一道数学选项题的时候却犯了难。题目是：其中关于奇数和偶数的阐述正确的是什么？

奇数和偶数就是看能不能被2整除吗？还有什么特别的吗？

此时，小天只好拿着题目去问爸爸，经过爸爸的指点，小天发现，原来偶数和奇数中含有很多奥秘。

的确，数字十分奇妙！每个数字就如兄弟姐妹一样有着奇妙的关系，那么奇数和偶数之间究竟有着有什么关系呢？让我们一起来开展这次探索之旅吧！

不能被2整除的整数叫奇数，也叫单数，如1、3、5、7、9……。当把奇数分成若干个2时，最后不能分尽，总是要剩下一个1，如5分成两个2后剩1，9分成4个2后剩1。奇数加1或减1就变成偶数（双数）。数中，能被2整除的数是偶数，反之是奇数，

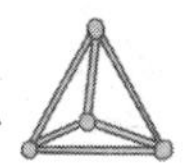

偶数可用$2k$表示，奇数可用$2k+1$表示，这里k是整数。

所有整数不是奇数（单数），就是偶数（双数）。若某数是2的倍数，它就是偶数（双数），可表示为$2n$；若非，它就是奇数（单数），可表示为$2n+1$（n为整数），即奇数（单数）除以二的余数是一。

在中国文化里，偶有一双一对、团圆的意思。古时认为偶数（双数）好，奇数（单数）不好；所以运气不好叫作“不偶”。0是一个特殊的偶数（2002年国际数学协会规定零为偶数；我国2004年也规定零为偶数），它既是正偶数与负偶数的分界线，又是正奇数与负奇数的分水岭。

小学规定0为最小的偶数，但是在初中学习了负数，出现了负偶数时，0就不是最小的偶数了。

哥德巴赫猜想说明任何大于二的偶数都可以写为两个质数之

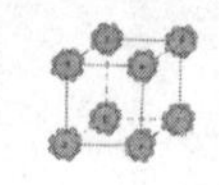

和，但尚未有人能证明这个猜想。

探索之旅的第一站。大家都知道，个位上是0，2，4，6，8的数叫做偶数，个位上是1，3，5，7，9的数叫做奇数。一个自然数不是奇数就是偶数，可是要把一个奇数变成偶数或把一个偶数变成奇数该怎么办呢？每两个相邻的奇数和偶数之间都相差1，所以只要把奇数加上1或减去1它就变成了偶数，偶数加上1或减去1就变成了奇数。

两个奇数相加得到的是什么数呢？可以举例子：1+3=4，7+9=16。两个偶数呢？一个奇数和一个偶数呢？同样的办法两个偶数：2+4=6，8+16=24。一个奇数一个偶数：1+2=3，3+4=7。可得结论：奇数+奇数=偶数，偶数+偶数=偶数，奇数+偶数=奇数。

那么如果两个奇数相乘呢？还是用举例子的方法：1×1=1，3×3=9。两个偶数呢：2×2=4，4×6=24。一个奇数一个偶数：1×2=2，3×4=12。得到结论了：奇数×奇数=奇数，偶数×偶数=偶数，奇数×偶数=偶数。

如果有好多个奇数相加结果会是怎样的呢？好多个偶数相加结果又是怎样的呢？让我们一起来探索吧！几个奇数相加：1+3+5=9，1+3+5+7=16。几个偶数相加：2+4+6=12，2+4+6+8=20。结果是：几个奇数相加，如果奇数的个数是奇数个时，结果是奇数；是偶数个时，结果是偶数。几个偶数相加时，无论有多少个偶数相加，最后都会得到偶数的。

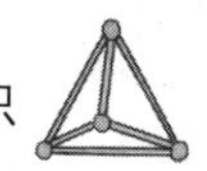

奇数和偶数之间，原来有这么多的关系呀，这次探索出的奥秘就像万里长征的第一步，这次探索之旅虽然结束了，但是人类对数学的探索，永不止步！这数字藏着无尽的奥秘还等待着我们去探索、发现、总结。不光这奇数与偶数之间有这么多的关系，还有质数与合数，因数与倍数，等等。

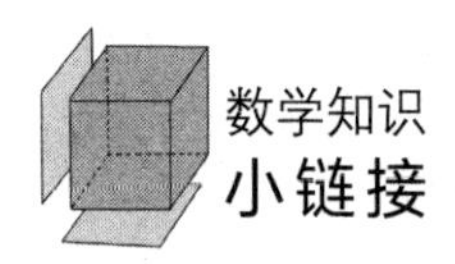

在十进制里，可以用看个位数的方式判定该数是奇数（单数）还是偶数（双数）：个位为1，3，5，7，9的数是奇数（单数）；个位为0，2，4，6，8的数是偶数（双数）。

有最大的数字吗

小涛才上学，勉强认识一些数字，但还数不全。

这天，小涛来阳阳家里玩，小涛和阳阳一起数弹珠："1、2、3、4、5……"

数着数着，小涛突然问阳阳："哥哥，数字有最大的吗？"

"最大的？那是多少？我还真不知道。"阳阳说。

这时候，阳阳妈妈从厨房走过来，说："最大的数，应该是不存在的。"

最大的数，从数学意义上讲是不存在的。但是有一个数，宇宙间任何一个量都未能超过它，这个数就是10的100次方，也叫"古戈尔"（gogul的译音）。

目前世界上每秒运算10亿（10的9次方）次的最快速的电子计算机，假定它从宇宙形成时（距今约200亿年）就开始运算，到今天，其运算总次数也不够10的100次方次。

地球的面积约为510000000平方公里，如果用平方毫米作单位来表示，也只不过是5×10的20次方平方毫米。地球的体积为

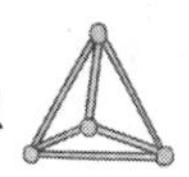

1083000000000立方公里，如果我们用立方毫米来表示，那也只有10的30次方。1立方毫米相当于一根大头针的针头那么大，里面最多能容纳10 粒细砂，那么整个地球的体积内，也只能容纳10的31次方颗细砂粒，这些数字，都远远小于“古戈尔”。

星际距离，一般用光年来度量。1光年是光线一年所通过的距离，约为9500000000000公里。我们目前所能观测到的空间范围（约100亿光年），用最小的长度单位埃（千万分之一毫米）来表示，也只有10的36次方埃。

宇宙是我们研究对象中最大的一个，原子核（其直径为10的负13次方~10的负12次方厘米）是最小的一个，而这两个研究对象的大小（线度）对比的倍数，也只有10的40次方倍。

再说时间，我们选一个具有物理意义的最小计时单位，来表示宇宙中最长的时间——“宇宙年龄”。我们取光线穿过一个原子核那么大的空间所用的时间，作为计算时间的单位，那么，

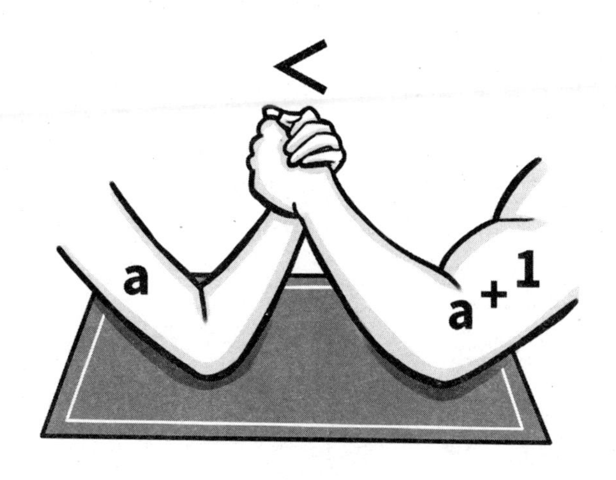

“宇宙年龄”是这一单位的10的40次方倍。

下面我们来计算一下整个宇宙空间所存在的基本粒子总数，其中包括质子、中子，以及中微子和没有静止质量的光子。虽然一粒灰尘中含有几十亿个基本粒子，但在整个宇宙空间，总共约有10的80次方个基本粒子。这个数只是“古戈尔”的一千亿亿分之一。别傻了，世界上最大的“数字”是9；当然，世界上没有最大的“数”。

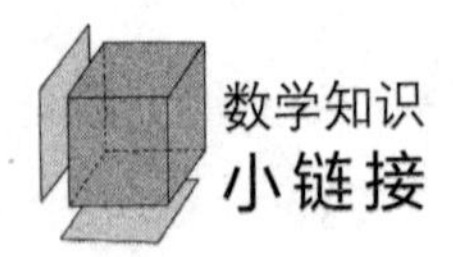

数学知识小链接

没有最大的数字和最小的数字。假设能找到一个所谓的最大的数字，我们把它成为a，那么$a+1$显然比a大，矛盾。如果假设能找到所谓的最小的数字b，那么$b-1$一定比b小，也矛盾。所以没有最大和最小的数字。另外补充一下，虽然有无穷大和无穷小这两个说法，但它们只是符号，是一个趋向性，不是真正的数字。所以我们不说一个数字“等于”无穷大，而是说，“趋近于”无穷大，即只要满足一定条件，这个数字想要多大就能多大。或者说，只要你给出一个大数字，我就能利用某个条件找到一个新的比你大的数字。

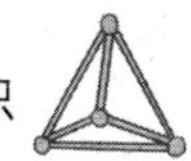

分数的意义

小美对数学很感兴趣，在生活中，她是个“数学迷”，经常问爸爸一些数学小问题。

这天，妈妈拿给她一个苹果，她说吃不完，然后拿刀切成了四份，给爸爸妈妈每人一份，小美问：“我这样均匀地切四份，你们分别拿了多少？”

“四分之一啊。”

“这就是我们老师说的分数对吧？”

“嗯，一个苹果是一个整体，你拿了另外两份，就是二分之一。”

“那分数有什么意义呢？”

说到分数的历史，得从3000多年前的埃及说起。

3000多年前，古埃及为了在不能分得整数的情况下表示数，用特殊符号表示分子为1的分数。2000多年前，中国有了分数，但是，秦汉时期的分数的表现形式跟现在不一样。后来，印度出现了和我国相似的分数表示法。再往后，阿拉伯人发明了分数线，今天分数的表示法就由此而来。

200多年前，瑞士数学家欧拉在《通用算术》一书中说，要想把7米长的一根绳子分成三等份是不可能的，因为找不到一个合适的数来表示它，如果我们把它分成三等份，每份是3/7米，像3/7就是一种新的数，我们把它叫做分数。

为什么叫它分数呢？分数这个名称直观而生动地表示这种数的特征。例如，一个西瓜四个人平均分，不把它分成相等的四块行吗？从这个例子就可以看出，分数是度量和数学本身的需要——除法运算的需要而产生的。

如果我们设某物的整体重量或数量为1，把此物分成几份，里面每份肯定都小于1。比如分成3份，每份是1/3，两份是2/3，不管是几份，总数都不会超过1，因为总共只有1，不管怎么分，最多只是1。

但是实际上此物的数量不是1，比如蛋糕，实际上是3kg重，

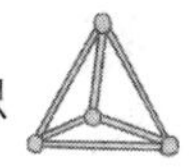

分成3份，每份1kg；比如一堆苹果，实际数字是10个，分成4份，每份2.5个。当整体变为实际数字时，表示1份或几份的实际值的分数就可能超过1。比如妈妈去买桔子，2个小朋友说好每人1/2。这个1/2是基于整体为1，不知道有多少橘子，先谈好比例。然后妈妈买了11个，每人可分11/2个，整体有实际的数字了，每份就可能超过1了。

注意：我们一般设整体为1，不加单位，不说“设整体为1个”，因为结果肯定不是1个，不要假设肯定不正确的情况。那么，为什么要假设1呢？直接用实际数字计算不是方便吗？

有的时候我们不知道具体数字，但先知道比例，这时候分数就有用了。比如上例，不知道要买多少个，但可以先谈好两人分割的比例，以免引起矛盾。

再如某公司老板有四个员工，他分配每个人的工资，可以根据每个人的重要性先想好比例，技术员的工资占2/5，司机的占1/5，文员的占1/5，销售员的占1/5，合起来正好是1。这样老板就知道每个人的工资比例了，等某个人的贡献变高了，就可以调整比例。

两个杯子，已知小杯子是大杯子的1/2大，你每次喝小杯子的水，一天正好一杯。某天杯子丢在亲戚家了，你带大杯子带水到学校，你就知道装水装一半就行了，多了也喝不掉，背来背去增加重量。

两人合作开公司，年头谈好每年年底的利润分成是三七分，

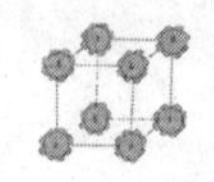

即一个人拿3/10，另一个拿7/10，不管年底利润是多少，都按这个比例分。

人类研究比例，发现大约为5∶8时看上去最完美，上半身的长（到腰）∶下半身的长=5∶8，这个人的身材比例看上去非常舒服；长方形的宽∶长=5∶8时，这个长方形看上去非常顺眼。所以有个比例称为黄金比例，比值约为0.618。5∶8的比值是0.625，很接近黄金比例了。

做以上这些比例研究时不需要考虑实际值。不管是什么实际值，都可以应用这些分数和比例的研究结果。所以假设整体为1来研究分数和比例还是很有意义的。

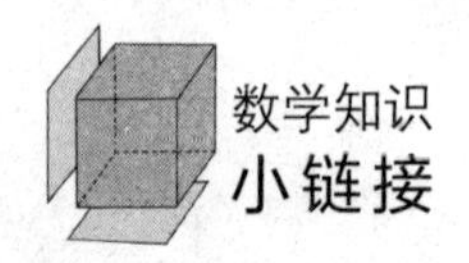

把单位“1”平均分成若干份，表示这样的一份或其中几份的数叫分数，表示这样的一份的数叫分数单位。

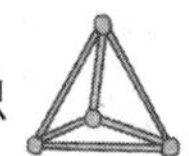

你了解阿拉伯的数字来源吗

小涛经常在阳阳家做作业，因为有不懂的问题就可以问比自己高年级的阳阳。

这天晚上，老师为同学们布置的作业是写数字，从“1”到“20”一个写一行。

看着邻居弟弟做这么“幼稚”的作业，阳阳就故意逗他：“你知道这些数字叫什么名字吗？”

“阿拉伯数字啊，老师今天刚讲过。”小涛得意地说。

“哈哈，真不错，那你知道阿拉伯数字是哪个国家的人发明的吗？”

“那还用说，阿拉伯人呗。”

“看看，错了吧，其实阿拉伯数字是发源于印度的。”

阿拉伯数字是古代印度人在生产和实践中逐步创造出来的。

在古代印度，进行城市建设时需要设计和规划，进行祭祀时需要计算日月星辰的运行，于是，数学计算就产生了。大约在公元前3000年，印度河流域居民的数字就比较先进，而且采用了十

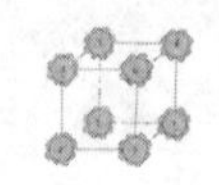

进位的计算方法。

到公元前三世纪，印度出现了整套的数字，但在各地区的写法并不完全一致，其中最有代表性的是婆罗门式：这一组数字在当时是比较常用的。它的特点是从“1”到“9”每个数都有专字。现代数字就是由这一组数字演化而来。在这一组数字中，还没有出现“0”（零）的符号。“0”这个数字是到了笈多王朝（公元320—550年）时期才出现的。公元四世纪完成的数学著作《太阳手册》中，已使用“0”的符号，当时只是实心小圆点“·”。后来，小圆点演化成为小圆圈“0”。这样，一套从“1”到“0”的数字就趋于完善了。这是古代印度人民对世界文化的巨大贡献。

印度数字首先传到斯里兰卡、缅甸、柬埔寨等印度的近邻国家。公元七到八世纪，地跨亚非欧三洲的阿拉伯帝国崛起。阿拉伯帝国在向四周扩张的同时，阿拉伯人也广泛汲取古代希腊、罗马、印度等国的先进文化，大量翻译这些国家的科学著作。公元771年，印度的一位旅行家毛卡经过长途跋涉，来到了阿拉伯帝国阿拔斯王朝首都巴格达。毛卡把随身携带的一部印度天文学著作《西德罕塔》，献给了当时的哈里发（国王）曼苏尔。曼苏尔十分珍爱这部书，下令翻译家将它译为阿拉伯文。译本取名《信德欣德》。这部著作中应用了大量的印度数字。由此，印度数字便被阿拉伯人吸收和采纳。

此后，阿拉伯人逐渐放弃了他们原来作为计算符号的28个字母，而广泛采用印度数字，并且在实践中还对印度数字加以修

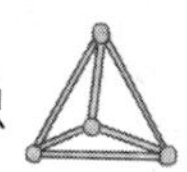

改完善，使之更便于书写。阿拉伯人掌握了印度数字后，很快又把它介绍给欧洲人。中世纪的欧洲人，在计数时使用的是冗长的罗马数字，十分不方便。因此，简单而明了的印度数字一传到欧洲，就受到欧洲人的欢迎。可是，开始时印度数字取代罗马数字，却遭到了基督教教会的强烈反对，因为这是来自“异教徒”的知识。但实践证明印度数字远远优于罗马数字。

1202年，意大利出版了一本重要的数学书籍《计算之书》，书中广泛使用了由阿拉伯人改进的印度数字，它标志着新数字在欧洲使用的开始。这本书共分十五章。在第一章开头就写道：“印度的九个数目字是‘9、8、7、6、5、4、3、2、1’，用这九个数字以及阿拉伯人叫做‘零’的记号‘0’，任何数都可以表示出来。”

随着岁月的推移，到十四世纪，中国印刷术传到欧洲，更加速了印度数字在欧洲的推广与应用。印度数字逐渐为全欧洲人所采用。西方人接受了经阿拉伯传来的印度数字，但他们当时忽视了古代印度人，而只认为是阿拉伯人的功绩，因而称其为阿拉伯数字，这个错误的称呼一直流传至今。

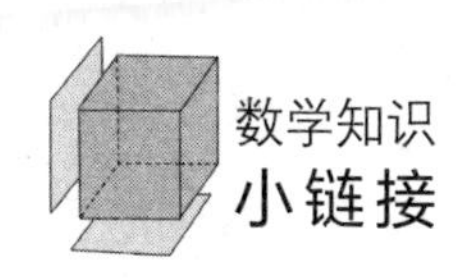

数学知识
小链接

阿拉伯数字并不是阿拉伯人发明创造的，而是发源于古印度，后来被阿拉伯人掌握、改进，并传到了西方，西方人便将这些数字称为阿拉伯数字。以后，以讹传讹，世界各地都认同了这个说法。

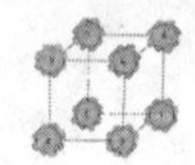

罗马数字难认吗

在与小涛谈完阿拉伯数字后，阳阳想考一考小涛，就问："那你知道罗马数字吗？"

"哈哈，阳阳哥哥你是想考我呢吧，我当然知道，我们家墙上的挂钟里面就是罗马数字。"

"不简单啊，这你都知道，那你知道阿拉伯数字中的'1、2、3、4、5'在罗马数字怎么写吗？"

"当然了。"小涛说完，就在草稿本上写出了这几个罗马数字，这让阳阳刮目相看。

罗马数字是最早的数字表示方式，比阿拉伯数字早2000多年，起源于罗马。

如今我们最常见的罗马数字就是钟表的表盘符号：Ⅰ，Ⅱ，Ⅲ，Ⅳ，Ⅴ，Ⅵ，Ⅶ，Ⅷ，Ⅸ，Ⅹ，Ⅺ，Ⅻ……对应阿拉伯数字（就是现在国际通用的数字），就是1，2，3，4，5，6，7，8，9，10，11，12……（注：阿拉伯数字其实是古代印度人发明的，后来由阿拉伯人传入欧洲，被欧洲人误称为阿拉伯数字。）

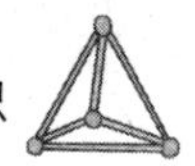

罗马数字采用七个罗马字母作数字，即Ⅰ（1）、X（10）、C（100）、M（1000）、V（5）、L（50）、D（500）。

记数的方法：

（1）相同的数字连写，所表示的数等于这些数字相加得到的数，如Ⅲ = 3；

（2）小的数字在大的数字的右边，所表示的数等于这些数字相加得到的数，如Ⅷ = 8，Ⅻ = 12；

（3）小的数字（限于Ⅰ、X 和 C）在大的数字的左边，所表示的数等于大数减小数得到的数，如Ⅳ = 4，Ⅸ = 9；

（4）在一个数的上面画一条横线，表示这个数增值1000倍，如Ⅻ=12000。

罗马数字的组数规则，有几条须注意掌握。用罗马数字记较大的数非常麻烦，所以已不常用了。在中文出版物中，罗马数字主要用于某些代码，如产品型号等。计算机ASCII码收录有合体的罗马数字1～12。

用罗马数字表示数的基，该方法一般是把若干个罗马数字写成一列，它表示的数等于各个数字所表示的数相加的和。但是也有例外，当符号I、X或C位于大数的后面时就作为加数；位于大数的前面就作为减数。

例如：

Ⅲ=3，Ⅳ=4，Ⅵ=6，XIX=19，XX=20，XLV=45，

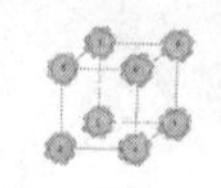

MCMLXXX=1980。罗马数字因书写繁难，所以，后人很少采用。21世纪，有的钟表表面仍有用它表示时数的。此外，在书稿章节及科学分类时也有采用罗马数字的。

罗马数字起源于古罗马。一共有7个数字符号：IVXLCDM。用罗马数字表示数时，如果几个相同的数字并列，就表示这个数的值是数码的几倍。例如，罗马数字要表示3，可以写成Ⅲ；要表示20，可以写成ⅩⅩ；要表示30，可写成ⅩⅩⅩ。不相同的几个数码并列时，如果小的数码在右边，就表示数的数值是这几个数码的和；如果小的数码在左边，就表示数的数值是数码之差。例如：6用罗马数字可以表示为Ⅵ；4用罗马数字表示为Ⅳ；11用罗马数字表示为Ⅺ；48用罗马数字表示为XLVIII。在数字上面画一横线，表示这个数字增值1000倍。遗憾的是，罗马数字里没有0。这种记数法有很大不便。如果表示8732这个数，那么就得写成IIXDCCXXXII，如果要有0就方便多了。0引入的时间是在中世纪，那时欧洲教会的势力非常强大，他们千方百计地阻止0的传播，甚至有人为了传播0而被处死。

罗马数字Ⅰ、Ⅱ、Ⅲ、Ⅳ、Ⅴ、Ⅵ、Ⅶ、Ⅷ、Ⅸ，在原有的9个罗马数字中本来就不存在0。罗马教皇还自己认为用罗马数字来表示任何数字不但完全够用而且十全十美，他们甚至向外界宣布："罗马数字是上帝发明的，从今以后不许人们再随意增加或减少一个数字。"0是被人们禁止使用的。

有一次，有一位罗马学者在手册中看到有关于0的内容介

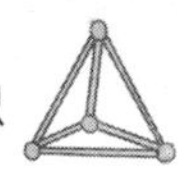

绍，他认为0对记数是很有益处的，于是便不顾罗马教皇的禁令，在自己的著作中悄悄记载了一些关于0的用法，并把一些有关0的知识以及在运算中所起到的作用暗中进行传播。这件事被罗马教皇知道后，马上派人把他给囚禁了起来，并投入了监狱。教皇为此还大发脾气地说："神圣的数，不可侵犯，是上帝创造出来的，决不允许0这个邪物加进来，弄污了神圣的数！"

再后来这位学者就被施以酷刑，从此以后就再也不能握笔写字了。但是黑暗终究战胜不了光明，人们一旦意识到0的重要作用，就会不顾一切地冲破教会的束缚，大胆地使用起它来。

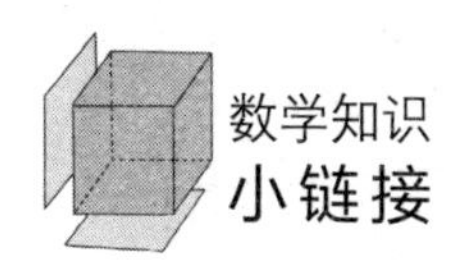

数学知识
小链接

罗马数字是欧洲在阿拉伯数字（实际上是印度数字）传入之前使用的一种数码，现在应用较少。它的产生晚于中国甲骨文中的数码，更晚于埃及人的十进位数字。但是，它的产生标志着一种古代文明的进步。

第 07 章

智慧集锦，你了解这些数学家的故事吗

小朋友们，相信在数学学习过程中，可能听到过老师提及一些数学家的名字，比如笛卡尔、高斯、欧几里得等，那么，这些数学家分别在数学的哪些领域有杰出成就，他们又有着怎样的故事呢？带着这些小疑问，我们来看看本章的内容。

测量学的鼻祖——古希腊泰勒斯

小天对金字塔的问题很感兴趣，在查找金字塔的资料时候，他看到了“金字塔建造之谜”这个词，很是好奇，顺便找了些相关资料，然后问了问妈妈。

“妈，你听没听过金字塔？”

“知道啊，在古埃及。”

“那金字塔的高度以前人们是怎么测量的呢？”

“古希腊有个数学家泰勒斯就曾用日影的方法来测量过呢。”

“哦，泰勒斯是谁呢？”

泰勒斯，又译为泰利斯，公元前7至前6世纪的古希腊时期的思想家、科学家、哲学家，希腊最早的哲学学派——米利都学派（也称爱奥尼亚学派）的创始人。希腊七贤之首，西方思想史上第一个有记载有名字留下来的思想家，被称为“科学和哲学之祖”。

泰勒斯出生于古希腊繁荣的港口城市米利都，他的家庭属于奴隶主贵族阶级，据说他有希伯来人（Hebrews）或犹太人

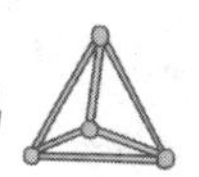

（Jew）、腓尼基人血统，所以他从小就受到了良好的教育。泰勒斯早年也是一个商人，曾到过不少东方国家，学习了古巴比伦观测日食月食的方法和测算海上船只距离等知识，了解到英赫·希敦斯基探讨万物组成的原始思想，知道了古埃及土地丈量的方法和规则等。他还到美索不达米亚平原，在那里学习了数学和天文学知识。以后，他从事政治和工程活动，并研究数学和天文学，晚年研究哲学，招收学生，创立了米利都学派。

泰勒斯在多个领域有所建树，在哲学方面，泰勒斯拒绝倚赖玄异或超自然因素来解释自然现象，试图借助经验观察和理性思维来解释世界。他提出了水本原说，即“万物源于水”，是古希腊第一个提出“什么是万物本原”这个哲学问题的人，并被称为“哲学史上第一人”。

在科学方面，泰勒斯曾利用日影来测量金字塔的高度，并准确地预测了公元前585年发生的日蚀。数学上的泰勒斯定理以他

命名。他对天文学亦有研究，确认了小熊座，被指出其有助于航海事业。同时，他是首个将一年的长度修定为365日的希腊人。他亦曾估量太阳及月球的大小。

泰勒斯首创理性主义精神、唯物主义传统和普遍性原则。他是个多神论者，认为世间充斥神灵。泰勒斯影响了其他希腊思想家，因而对西方历史产生深远的影响。有些人认为阿那克西曼德和阿那克西美尼是泰勒斯的学生。传说毕达哥拉斯早年也拜访过泰勒斯，并听从了他的劝告，前往埃及进一步他的哲学和数学的研究。许多哲学家遵循泰勒斯的领先优势在寻找解释的性质，而不是超自然的；其他人回到了超自然的解释，但他们措辞哲学的语言，而不是宗教或神话。

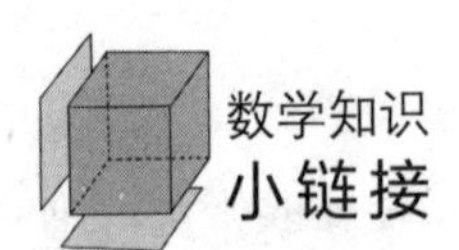

泰勒斯在数学方面划时代的贡献是引入了命题证明的思想。它标志着人们对客观事物的认识从经验上升到理论，这在数学史上是一次不寻常的飞跃。在数学中引入逻辑证明，它的重要意义在于：保证了命题的正确性；揭示各定理之间的内在联系，使数学构成一个严密的体系，为进一步发展打下基础；使数学命题具有充分的说服力，令人深信不疑。

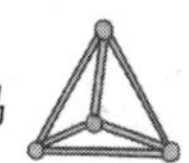

数学王子——高斯的故事

夏日的午后，丹丹和妈妈窝在沙发上，妈妈为她讲数学家高斯的故事：

高斯八岁时进入乡村小学读书。教数学的老师是一个从城里来的人，觉得在一个穷乡僻壤教几个小猢狲读书，真是大材小用。而他又有些偏见：穷人的孩子天生都是笨蛋，教这些蠢笨的孩子念书不必认真，如果有机会还应该处罚他们，使自己在这枯燥的生活里添一些乐趣。

这一天正是数学教师情绪低落的一天。同学们看到老师那抑郁的脸孔，心里畏缩起来，知道老师又会在今天捉这些学生处罚了。“你们今天替我算从1加2加3一直到100的和。谁算不出来就罚他不能回家吃午饭。”老师讲了这句话后就一言不发地拿起一本小说坐在椅子上看去了。

教室里的小朋友们拿起石板开始计算：“1加2等于3，3加3等于6，6加4等于10……”一些小朋友加到一个数后就擦掉石板上的结果，再加下去，数越来越大，很不好算。有些孩子的小脸孔涨红了，有些手心、额上渗出了汗来。

还不到半个小时，小高斯拿起了他的石板走上前去。“老师，答案是不是这样？”

老师头也不抬，挥着那肥厚的手，说：“去，回去再算！错了。”他想不可能这么快就会有答案了。可是高斯却站着不动，把石板伸向老师面前：“老师！我想这个答案是对的。”

数学老师本来想怒吼起来，可是一看石板上整整齐齐写了这样的数：5050，他惊奇起来，因为他自己曾经算过，得到的数也是5050，这个8岁的小鬼怎么这样快就得到了这个数值呢？

高斯解释了他发现的一个方法，这个方法就是古时希腊人和中国人用来计算级数$1+2+3+\cdots+n$的方法。高斯的发现使老师觉得羞愧，觉得自己以前目空一切和轻视穷人家的孩子的观点是不对的。他以后也认真教起书来，并且还常从城里买些数学书自己进修并借给高斯看。在他的鼓励下，高斯开始在数学上作一些重要的研究。

约翰·卡尔·弗里德里希·高斯（Johann Carl Friedrich Gauss，1777年4月30日—1855年2月23日），德国著名数学家、物理学家、天文学家、大地测量学家，是近代数学奠基者之一，被认为是历史上最重要的数学家之一，并享有“数学王子”之称。高斯和阿基米德、牛顿并列为世界三大数学家。高斯一生成就极为丰硕，以他名字“高斯”命名的成果达110个，属数学家中之最。他对数论、代数、统计、分析、微分几何、大地测量

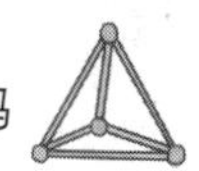

学、地球物理学、力学、静电学、天文学、矩阵理论和光学皆有贡献。

高斯出生在一个贫穷的家庭。高斯在还不会讲话就自己学计算，在三岁时有一天晚上他看着父亲在算工钱时，还纠正父亲计算的错误。

高斯的数学研究几乎遍及所有领域，在数论、代数学、非欧几何、复变函数和微分几何等方面都做出了开创性的贡献。他还把数学应用于天文学、大地测量学和磁学的研究，发明了最小二乘法原理。高斯一生共发表155篇论文，他对待学问十分严谨，只把他自己认为是十分成熟的作品发表出来。

高斯首先迷恋上的也是自然数。高斯在1808年谈到："任何一个花过一点功夫研习数论的人，必然会感受到一种特别的激情与狂热。"

高斯对代数学的重要贡献是证明了代数基本定理，他的存在性证明开创了数学研究的新途径。事实上在高斯之前有许多数学家认为已给出了这个结果的证明，可是没有一个证明是严密的。高斯把前人证明的缺失一一指出来，然后提出自己的见解，他一生中一共给出了四个不同的证明。高斯在1816年左右就得到非欧几何的原理。他还深入研究复变函数，建立了一些基本概念，发现了著名的柯西积分定理。他还发现椭圆函数的双周期性，但这些工作在他生前都没发表出来。

欧几里德已经指出，正三边形、正四边形、正五边形、正十五边形和边数是上述边数两倍的正多边形的几何作图是能够用圆规和直尺实现的，但从那时起关于这个问题的研究没有多大进展。高斯在数论的基础上提出了判断一给定边数的正多边形是否可以几何作图的准则。例如，用圆规和直尺可以作圆内接正十七边形，这样的发现还是欧几里得以后的第一个。

这些关于数论的工作对代数的现代算术理论（即代数方程的解法）作出了贡献。高斯还将复数引进了数论，开创了负整数算术理论，负整数在高斯以前只是直观地被引进。1831年（发表于1832年）他给出了一个如何借助于x，y平面上的表示来发展精确的负数理论的详尽说明。

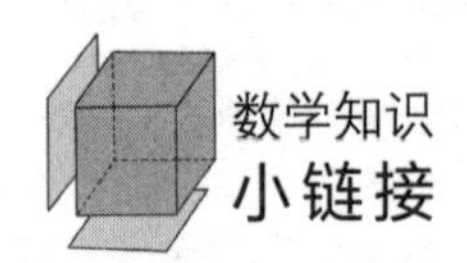

高斯是最早怀疑欧几里得几何学是自然界和思想中所固有的那些人之一。欧几里得是建立系统性几何学的第一人。他模型中的一些基本思想被称作公理，它们是透过纯粹逻辑构造整个系统的出发点。在这些公理中，平行线公理一开始就显得很突出。按照这一公理，通过不在给定直线上的任何点只能作一条与该直线平行的线。

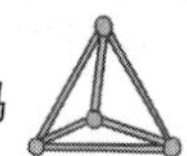

几何之父——欧几里得

小美在爸爸的书架上翻到了《几何》后，爸爸告诉了“几何”这一数学名称的含义，随后，小美又问：“那‘几何’之父是谁呢？”

爸爸告诉小美：“‘几何’之父是欧几里得，他因为编著《几何原本》而闻名于世……”

欧几里得大约生于公元前325年，他是古希腊数学家，他的名字与几何学结下了不解之缘，他因为编著《几何原本》而闻名于世，但关于他的生平事迹知道的人却很少，他是亚历山大学派的奠基人。早年可能受教于柏拉图，应托勒密王的邀请在亚历山大授徒，托勒密曾请教欧几里得，问他是否能把证明搞得稍微简单易懂一些，欧几里得顶撞国王说：“在几何学中是没有皇上走的平坦之道的。”

另外有一次，一个学生刚刚学完了第一个命题，就问：“学了几何学之后将能得到些什么？”欧几里得随即叫人给他三个钱币，说：“他想在学习中获取实利。”足见，欧几里得治学严谨，反对不肯刻苦钻研、投机取巧的思想作风。

在公元前6世纪，古埃及、巴比伦的几何知识传入希腊，和希腊发达的哲学思想，特别是形式逻辑相结合，大大推进了几何学的发展。在公元前6世纪到公元前3世纪期间，希腊人非常想利用逻辑法则把大量的、经验性的、零散的几何知识整理成一个严密完整的系统。到了公元前3世纪，已经基本形成了“古典几何”，从而使数学进入了“黄金时代”。柏拉图就曾在其学派的大门上书写大型条幅“不懂几何学的人莫入”。欧几里得的《几何原本》正是在这样一个时期，继承和发扬了前人的研究成果，取之精华汇集而成的。

欧氏《几何原本》推论了一系列公理、公设，并以此作为全书的起点，共13卷，目前中学几何教材的绝大部分都是欧氏《几何原本》的内容。勾股定理在欧氏《几何原本》中的地位是很突出的。在西方，勾股定理被称作毕达哥拉斯定理，但是追究其发现的时间，我国和古代的巴比伦、印度都比毕达哥拉斯早几百年，所以我们称它勾股定理或商高定理。

据说，英国的哲学家霍布斯一次偶然翻阅欧氏的《几何原本》，看到勾股定理的证明，根本不相信这样的推论，看过后十分惊讶，情不自禁地喊道：“上帝啊，这不可能。”于是他就从后往前仔细地阅读了每个命题的证明，直到公理和公设，最终还是被其证明过程的严谨、清晰所折服。

欧氏《几何原本》的部分内容与早期智人学派研究三个著

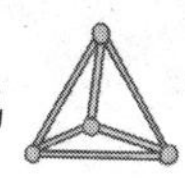

名几何作图问题有关，特别是圆内接正多边形的作图方法。欧氏的《几何原本》只把用没有刻度的直尺画直线，用圆规画圆列为公理，限定了“尺规”作图。于是几何作图就出现了“可能”与“不可能”的情况。在这里欧几里得只给出了正三、正四、正五、正六、正十五边形的作法，加上连续地二等分弧，可以扩展到正$2n$、$3\times 2n$、$5\times 2n$、$15\times 2n$边形。因此，我们可以想象欧几里得一定还尝试过别的正多边形的作图方法，只是没有作出来而已。所以欧氏《几何原本》问世后，正多边形作图引起了人们的极大兴趣。

欧氏《几何原本》中的比例论，是全书的最高成就。在这之前，毕达哥拉斯派也有比例论，但并不适用于不可公度的量的比，欧几里得为了摆脱这一困境，在这里叙述了欧道克索斯的比例论。定义了两个比相等即定义了比例，适用于一切可公度与不可公度的量，它挽救了毕氏学派的相似形等理论，是非常重要的成就。

据说有一位捷克斯洛伐克的牧师布尔查诺，在布拉格度假时，突然间生了病，浑身发冷，疼痛难耐。为了分散注意力便拿起了欧氏的《几何原本》，当他阅读到比例论时，即被这种高明的处理所震撼，无比兴奋以致完全忘记了自己的疼痛。事后，每当他的朋友生病时，他就推荐其阅读欧氏《几何原本》的比例论。

欧氏《几何原本》吸取了泰勒斯和柏拉图的演绎证明和演绎推理，完整地体现了亚里士多得的数学逻辑思想，成为公理化方法建立演绎体系的最早典范，更是数学逻辑思维训练的最好教材。但是，它在某些方面还存在着逻辑上的缺陷，并曾经引发了数学史上著名的“第五公设试证”活动，19世纪初因此而诞生了罗巴切夫斯基几何。罗氏几何的诞生，打破了欧氏几何一统空间的观念，促进了人类对几何学广阔的领域作进一步的探讨。随后，展开了大规模的欧氏《几何原本》公理系统的逻辑修补工作。德国数学家希尔伯特用近代的观点集修补之精华，在1879年发表了《几何基础》，提出了欧氏几何一个完整的简洁的公理系统，使欧氏几何达到了高度的抽象化、逻辑化、数学化，把公理化方法推向了现代化，建立起了一种统一的公理体系。这也是欧氏《几何原本》对几何学发展作出的重大贡献。

欧氏《几何原本》一出世就迅速而且彻底地取代了在它之前的一切同类型著作，甚至使它们就此消声匿迹。最早的中译本是1607年（明代万历35年）由意大利传教士利玛窦和徐光

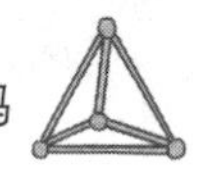

启合译出版的，只译了15卷本的前6卷，它是我国第一部数学翻译著作。取名为《几何原本》，中文“几何”的名称就是从这里开始的。而后9卷的引入是在两个半世纪后的1857年由清朝的学者李善兰和英国人韦列亚力翻译补充的。

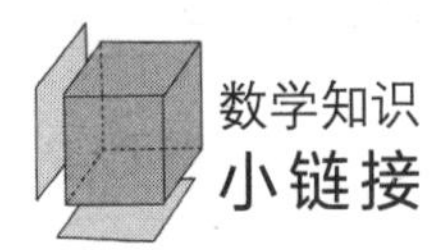

数学知识小链接

在欧氏《几何原本》中，勾股定理的证明方法是：以直角三角形的三条边为边，分别向外作正方形，然后利用面积方法加以证明，人们非常赞同这种巧妙的构思，因此目前中学课本中还普遍保留这种方法。

解析几何之父——笛卡尔

小美在向爸爸请教过几何学的由来后，产生了疑问："爸爸，现在我们学习的都是数学，'代数'与'几何'并不是分开的，而之前都是分开的对吧？"

"其实也不是，从笛卡尔开始，他就将二者联系到了一起，他证明出几何问题也是可以归结为代数问题的。"爸爸说。

"笛卡尔？笛卡尔是谁？是个数学家吗？"

那么，笛卡尔是谁呢？内·笛卡尔，1596年3月31日生于法国安德尔卢瓦尔省的图赖讷（现改名为笛卡尔，因笛卡尔得名），1650年2月11日逝世于瑞典斯德哥尔摩，是世界著名的哲学家、数学家、物理学家。他对现代数学的发展做出了重要的贡献，因将几何坐标体系公式化而被认为是解析几何之父。他还是西方现代哲学思想的奠基人，是近代唯物论的开拓者，且提出了"普遍怀疑"的主张。黑格尔称他为"现代哲学之父"。他的哲学思想深深影响了之后的几代欧洲人，开拓了所谓"欧陆理性主义"哲学，堪称17世纪的欧洲哲学界和科学界最有影响的巨匠之

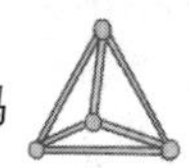

一，被誉为“近代科学的始祖”。

从1616年到1628年，笛卡尔做了广泛的游历。他曾在三个军队中（荷兰、巴伐利亚和匈牙利）短期服役，但未参加任何战斗。观光过意大利、波兰、丹麦及其它许多国家。在这些年间，笛卡尔系统陈述了所发现真理的一般方法。五十二岁时，他决定用此方法将世界做个综合性的描述。当时定居荷兰，此后的二十五年笛卡尔一直生活在那里，选择荷兰是因为那里有更多的思想自由，还可以躲避巴黎社会的纷扰。

1619年，23岁的笛卡尔在一支德国部队服役，军营驻扎在多瑙河旁，11月的一天，他因病躺在了床上，无所事事的他默默地思考着…… 20岁时，他大学毕业继承父业，当了一名律师，当时法国的社会风气是“非红即黑”。也就是说，有志之士不是致力于宗教事业就是献身于军事，笛卡尔选择了后者。

军旅中一个偶然机会，他解出了数学教授别克曼的一道难题。从此成了别克曼教授的上宾，在数学的海洋中漫游，并游进了深水区。他开始看到了传统的几何过分依赖图形和形式演绎的缺陷，同时也深感代数过分受法则和公式的限制而缺乏活力。

代数与几何的各自为政、划地为牢的状况抑制了数学的发展，怎样才能摆脱这种状况，架起沟通代数与几何的桥梁呢？这个问题苦苦折磨着年轻的笛卡尔。在没有战事的军队中，他常常有时间思考它。

现在，他的思绪又回到了这个问题上。抬头望着天花板，一只小小的蜘蛛从墙角慢慢地爬过来，吐丝结网，忙个不停。从东爬到西，从南爬到北。要结一张网，小蜘蛛该走多少路啊！笛卡尔突发奇想，算一算蜘蛛走过的路程。他先把蜘蛛看成一个点，这个点离墙角多远？离墙的两边多远？他思考着，计算着，病中的他睡着了……梦中他继续在数学的广阔天地中驰骋，好像悟出了什么，又看到了什么，大梦醒来的笛卡尔茅塞顿开，一种新的思想初露端倪：在互相垂直的两条直线下，一个点可以用到这两条直线的距离，也就是两个数来表示，这个点的位置就被确定了。用数形结合的方式将代数与几何的桥梁联起来了。这就是解析几何学诞生的曙光，沿着这条思路前进，在众多数学家的努力下数学的历史发生了重要的转折，建立了解析几何学。

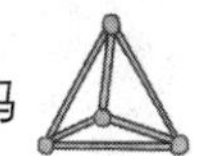

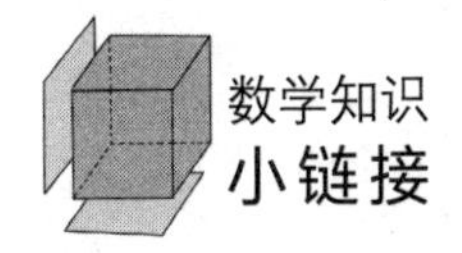

数学知识
小链接

笛卡尔对数学最重要的贡献是创立了解析几何。笛卡尔成功地将当时完全分开的代数和几何学联系到了一起。在他的著作《几何》中，笛卡尔向世人证明，几何问题可以归结成代数问题，也可以通过代数转换来发现、证明几何性质。笛卡尔引入了坐标系以及线段的运算概念。笛卡尔在数学上的成就为后人在微积分上的工作提供了坚实的基础，而后者又是现代数学的重要基石。此外，现在使用的许多数学符号都是笛卡尔最先使用的，这包括了已知数a，b，c以及未知数x，y，z等，还有指数的表示方法。他还发现了凸多面体边、顶点、面之间的关系，后人称为欧拉—笛卡尔公式。还有微积分中常见的笛卡尔叶形线也是他发现的。

中国数学史上的牛顿——刘徽

在爸爸说完笛卡尔和欧几里得的故事后，小美问："爸爸，你说的这两个数学家都是国外，难道我们祖国在古代就没有杰出的数学家吗？我们在数学上就没有成就吗？"

"当然不是了，魏晋时的刘徽就是我国古代最伟大的数学家，迄今而至，他的很多数学推算方法和理论依然对我们现代数学有着不可替代的作用。"

"那你能给我讲讲刘徽的故事吗？"

刘徽（约公元225年—295年），汉族，山东滨州邹平县人，魏晋期间伟大的数学家，中国古典数学理论的奠基人之一，是中国数学史上一个非常伟大的数学家。他的杰作《九章算术注》和《海岛算经》，是中国最宝贵的数学遗产。刘徽思想敏捷，方法灵活，既提倡推理又主张直观。他是中国最早明确主张用逻辑推理的方式来论证数学命题的人。刘徽的一生是为数学刻苦探求的一生。他虽然地位低下，但人格高尚。他不是沽名钓誉的庸人，而是学而不厌的伟人，他给我们中华民族留下了宝贵的财富。

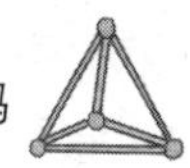

刘徽的数学成就大致为两方面，一是整理中国古代数学体系并奠定了它的理论基础，这方面集中体现在《九章算术注》中。它实已形成为一个比较完整的理论体系：

数系理论：

（1）用数的同类与异类阐述了通分、约分、四则运算以及繁分数化简等的运算法则；在开方术的注释中，他从开方不尽的意义出发，论述了无理方根的存在，并引进了新数，创造了用十进分数无限逼近无理根的方法。

（2）在筹式演算理论方面，先给率以比较明确的定义，又以遍乘、通约、齐同等三种基本运算为基础，建立了数与式运算的统一的理论基础，他还用“率”来定义中国古代数学中的“方程”，即现代数学中线性方程组的增广矩阵。

（3）在勾股理论方面，逐一论证了有关勾股定理与解勾股形的计算原理，建立了相似勾股形理论，发展了勾股测量术，通过对“勾中容横”与“股中容直”之类的典型图形的论析，形成了中国特色的相似理论。

面积与体积理论：

（1）用出入相补、以盈补虚的原理及“割圆术”的极限方法提出了刘徽原理，并解决了多种几何形、几何体的面积、体积计算问题。这些方面的理论价值至今仍闪烁着余辉。

（2）在继承的基础上提出了自己的创见。这方面主要体现为以下几项有代表性的创见：

①割圆术与圆周率他在《九章算术·圆田术》注中，用割圆术证明了圆面积的精确公式，并给出了计算圆周率的科学方法。他首先从圆内接六边形开始割圆，每次边数倍增，算到192边形的面积，得到π=157/50=3.14，又算到3072边形的面积，得到π=3927/1250=3.1416，称为“徽率”。

②刘徽原理 在《九章算术·阳马术》注中，他在用无限分割的方法解决锥体体积时，提出了关于多面体体积计算的刘徽原理。

“牟合方盖”说：

在《九章算术·开立圆术》注中，他指出了球体积公式V=9D3/16（D为球直径）的不精确性，并引入了“牟合方盖”这一著名的几何模型。“牟合方盖”是指正方体的两个轴互相垂直的内切圆柱体的贯交部分。

方程新术：

在《九章算术·方程术》注中，他提出了解线性方程组的新方法，运用了比率算法的思想。

重差术：

在自撰《海岛算经》中，他提出了重差术，采用了重表、连索和累矩等测高测远方法。他还运用“类推衍化”的方法，使重差术由两次测望，发展为“三望”“四望”。而印度在7世纪，欧洲在15~16世纪才开始研究两次测望的问题。刘徽的工作，不仅对中国古代数学发展产生了深远影响，而且在世界数学史上也

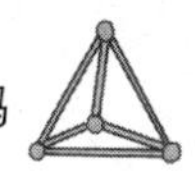

确立了崇高的历史地位。鉴于刘徽的巨大贡献，所以不少书上把他称作“中国数学史上的牛顿”。

其代表作《九章算术注》是对《九章算术》一书的注解。《九章算术》是中国流传至今最古老的数学专著之一，它成书于西汉时期。这部书的完成经过了一段历史过程，书中所收集的各种数学问题，有些是秦以前流传的问题，长期以来经过多人删补、修订，最后由西汉时期的数学家整理完成。现今流传的定本的内容在东汉之前已经形成。

《九章算术》不仅在中国数学史上占有重要地位，对世界数学的发展也有着重要的贡献。分数理论及其完整的算法，比例和比例分配算法，面积和体积算法，以及各类应用问题的解法，在书中的方田、粟米、衰分、商功、均输等章已有了相当详备的叙述。而少广、盈不足、方程、勾股等章中的开立方法、盈不足术

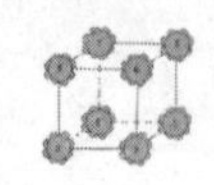

（双假设法）、正负数概念、线性联立方程组解法、整数勾股弦的一般公式等内容都是世界数学史上的卓越成就。

传本《九章算术》有刘徽注和唐李淳风等的注释。刘徽是中国古代杰出的数学家，他生活在三国时代的魏国。《隋书·律历志》论历代量制引商功章注，说"魏陈留王景元四年（263）刘徽注《九章》"。他的生平不可详考。刘徽的《九章》注不仅在整理古代数学体系和完善古算理论方面取得了重要成就，而且提出了丰富多彩的创见和发明。刘徽在算术、代数、几何等方面都有杰出的贡献。例如，他用比率理论建立了数与式的统一的理论基础，他应用了出入相补原理和极限方法解决了许多面积和体积问题，建立了独具风格的面积和体积理论。他对《九章》中的许多结论给出了严格的证明，他的一些方法对后世有很大启发，即使对现今数学也有可借鉴之处。

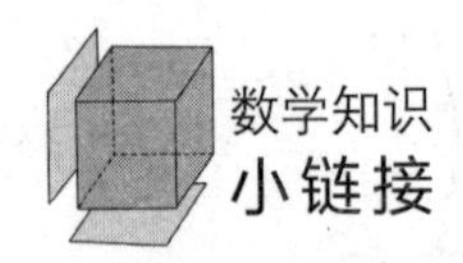

《九章算术》是中国最重要的一部经典数学著作，它的完成奠定了中国古代数学发展的基础，在中国数学史上占有极为重要的地位。现传本《九章算术》共收集了246个应用问题和各种问题的解法，分别隶属于方田、粟米、衰分、少广、商功、均输、盈不足、方程、勾股九章。

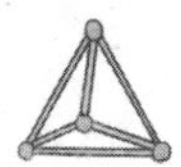

微积分的创立者——莱布尼茨

小美的爸爸是个数学迷，下班后的大部分时间不是在书房看数学书，就是在演算，小美根本看不懂。

这天，小美敲开书房的门，待在爸爸身边，问："爸爸，这是什么？"

"这是函数。"

"可是我们老师讲的函数没这么复杂呀。"小美很好奇。

"因为我这个是高等函数，哈哈。是微积分的部分，你肯定看不懂的，以后你上大学时才会学到呢。"

"爸爸，什么是微积分啊？"

"微积分是数学的一个基础学科，是高等数学中研究函数的微分，微积分的创立者是莱布尼茨，一名德国的数学家。"

"莱布尼茨是谁？能讲讲他的故事吗"

莱布尼茨，全名戈特弗里德·威廉·莱布尼茨（1646年7月1日—1716年11月14日），德国哲学家、数学家，历史上少见的通才，被誉为十七世纪的亚里士多德。他本人是一名律师，经常往返于各大城镇，他许多的公式都是在颠簸的马车上完成的，他也自称具有男爵的贵族身份。

莱布尼茨在数学史和哲学史上都占有重要地位。在数学上，他和牛顿先后独立发明了微积分，而且他所使用的微积分的数学符号被更广泛地使用，莱布尼茨所发明的符号被普遍认为更综合，适用范围更加广泛。莱布尼茨还对二进制的发展做出了贡献。

在哲学上，莱布尼茨的乐观主义最为著名。他认为，“我们的宇宙，在某种意义上是上帝所创造的最好的一个”。他和笛卡尔、巴鲁赫·斯宾诺莎被认为是十七世纪三位最伟大的理性主义哲学家。莱布尼茨在哲学方面的工作在预见了现代逻辑学和分析哲学诞生的同时，也显然深受经院哲学传统的影响，更多地应用第一性原理或先验定义，而不是实验证据来推导以得到结论。

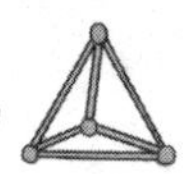

莱布尼茨在政治学、法学、伦理学、神学、哲学、历史学、语言学诸多方向都留下了著作。17世纪下半叶，欧洲科学技术迅猛发展，由于生产力的提高和社会各方面的迫切需要，经各国科学家的努力与历史的积累，建立在函数与极限概念基础上的微积分理论应运而生了。

微积分思想，最早可以追溯到希腊由阿基米德等人提出的计算面积和体积的方法。1665年牛顿创始了微积分，莱布尼茨在1673—1676年间也发表了微积分思想的论著。

以前，微分和积分作为两种数学运算、两类数学问题，是分别加以研究的。卡瓦列里、巴罗、沃利斯等人得到了一系列求面积（积分）、求切线斜率（导数）的重要结果，但这些结果都是孤立的、不连贯的。

只有莱布尼茨和牛顿将积分和微分真正沟通起来，明确地找到了两者内在的直接联系：微分和积分是互逆的两种运算。而这是微积分建立的关键所在。只有确立了这一基本关系，才能在此基础上构建系统的微积分学。并从对各种函数的微分和求积公式中，总结出共同的算法程序，使微积分方法普遍化，发展成用符号表示的微积分运算法则。因此，微积分“是牛顿和莱布尼茨大体上完成的，但不是由他们发明的”。

然而关于微积分创立的优先权，在数学史上曾掀起了一场激烈的争论。实际上，牛顿在微积分方面的研究虽早于莱布尼茨，但莱布尼茨成果的发表则早于牛顿。

莱布尼茨1684年10月在《教师学报》上发表的论文《一种求极大极小的奇妙类型的计算》，是最早的微积分文献。这篇仅有六页的论文，内容并不丰富，说理也颇含糊，但却有着划时代的意义。

牛顿在三年后，即1687年出版的《自然哲学的数学原理》的第一版和第二版也写道："十年前在我和最杰出的几何学家莱布尼茨的通信中，我表明我已经知道确定极大值和极小值的方法、作切线的方法以及类似的方法，但我在交换的信件中隐瞒了这方法……这位最卓越的科学家在回信中写道，他也发现了一种同样的方法。他并诉述了他的方法，它与我的方法几乎没有什么不同，除了他的措词和符号而外。"（但在第三版及以后再版时，这段话被删掉了。）

因此，后来人们公认牛顿和莱布尼茨是各自独立地创建微积分的。

牛顿从物理学出发，运用集合方法研究微积分，其应用上更多地结合了运动学，造诣高于莱布尼茨。莱布尼茨则从几何问题出发，运用分析学方法引进微积分概念、得出运算法则，其数学的严密性与系统性是牛顿所不及的。

莱布尼茨认识到好的数学符号能节省思维劳动，运用符号的技巧是数学成功的关键之一。因此，他所创设的微积分符号远远优于牛顿的符号，这对微积分的发展有极大影响。1713年，莱布尼茨发表了《微积分的历史和起源》一文，总结了自己创立微积

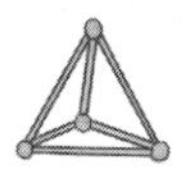

分学的思路，说明了自己成就的独立性。

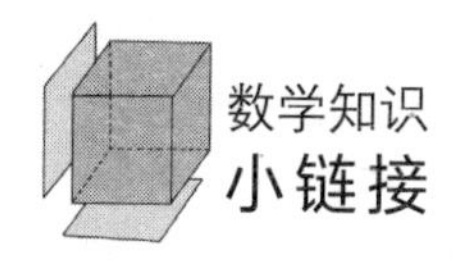

莱布尼茨在数学方面的成就是巨大的，他的研究及成果渗透到高等数学的许多领域。他的一系列重要数学理论的提出，为后来的数学理论奠定了基础。

莱布尼茨曾讨论过负数和复数的性质，得出复数的对数并不存在，共扼复数的和是实数的结论。在后来的研究中，莱布尼茨证明了自己结论是正确的。他还对线性方程组进行研究，对消元法从理论上进行了探讨，并首先引入了行列式的概念，提出行列式的某些理论，此外，莱布尼茨还创立了符号逻辑学的基本概念。

第08章

数学应用，看数学是如何影响我们的生活的

现代社会，随着数学的发展，数学在生活中的运用也越来越广泛，比如数字灯谜、建筑、账目等。可以说，数学与生活是密不可分的，那么，这些应用涉及哪些数学原理呢？接下来，我们来细细分析。

数学在生活中的运用

天天的爸爸妈妈比较重视孩子对知识的运用能力，因为天天爸爸曾经看过一个报道：

一个教授问一群外国学生："12点到1点之间，分针和时针会重合几次？"那些学生都从手腕上拿下手表，开始拨表针；而这位教授在给中国学生讲到同样一个问题时，学生们就会套用数学公式来计算。评论说，由此可见，中国学生的数学知识都是从书本上搬到脑子中，不能灵活运用，很少想到在实际生活中学习、掌握数学知识。

从这以后，爸爸教导天天，要有意识地把数学和日常生活联系起来。

有一次，妈妈烙饼，锅里能放两张饼。天天就想，这不是一个数学问题吗？烙一张饼用两分钟，烙正、反面各用一分钟，锅里最多同时放两张饼，那么烙三张饼最多用几分钟呢？天天想了想，得出结论：要用3分钟：先把第一、第二张饼同时放进锅内，1分钟后，取出第二张饼，放入第三张饼，把第一张饼翻

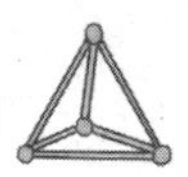

面；再烙1分钟，这样第一张饼就好了，取出来。然后放第二张饼的反面，同时把第三张饼翻过来，这样3分钟就能全部搞定。

天天把这个想法告诉了妈妈，妈妈说，实际上总得有一些误差，不过算法是正确的。

这个事情让天天认识到，还必须要学以致用，才能更好地让数学服务于我们的生活。

的确，数学是一门很有用的学科。自从人类出现在地球上那天起，人们便在认识世界、改造世界的同时对数学有了逐渐深刻的了解。早在远古时代，就有原始人“涉猎计数”与“结绳记事”等种种传说。可见，“在早期一些古代文明社会中已产生了数学的开端和萌芽”（引自《古今数学思想》第一册P1——作者注）。“在BC3000年左右巴比伦和埃及数学出现以前，人类在数学上没有取得更多的进展”，而“在BC600—BC300年间古希腊学者登场后”，数学便开始“作为一名有组织的、独立的和理

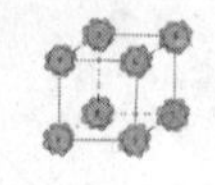

性的学科”（引自《古今数学思想》第一册P1——作者注）登上了人类发展史的大舞台。

如今，数学知识和数学思想在工农业生产和人们日常生活中有极其广泛的应用。譬如，人们购物后须记账，以便年终统计查询；去银行办理储蓄业务；查收各住户水电费用等，这些便利用了算术及统计学知识。此外，社区和机关大院门口的“推拉式自动伸缩门”；运动场跑道直道与弯道的平滑连接；底部不能靠近的建筑物高度的计算；隧道双向作业起点的确定；折扇的设计以及黄金分割等，则是平面几何中直线图形的性质及解Rt三角形有关知识的应用。由于这些内容所涉及的高中数学知识不是很多，在此就不赘述了。

由此可见，古往今来，人类社会都是在不断了解和探究数学的过程中得到发展进步的。数学对推动人类文明起了举足轻重的作用。

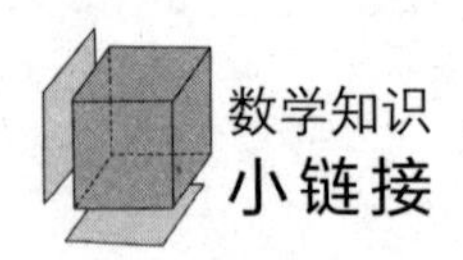

数学就应该在生活中学习。有人说，现在书本上的知识都和实际联系不大。这说明他们的知识迁移能力还没有得到充分的锻炼。正因为学了不能够很好理解、运用于日常生活中，才使得很多人对数学不重视。因此，在生活中用数学，数学与生活密不可分，学深了，学透了，自然会发现，其实数学很有用处。

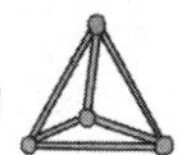

不对称——人闭上眼睛走不了直线

这天下班时，费先生看见自己女儿丫丫跟邻居妞妞在小区里玩游戏。

丫丫说："我在地上画一条直线，然后我们先后用布蒙上眼睛，谁能继续沿着这条直线走，谁就赢了，怎么样？"

妞妞答应了。

妞妞很快蒙上眼睛去走直线了。但实际上，还没走三步，就完全脱离"轨道"了。

丫丫哈哈大笑起来，接下里就轮到丫丫了，但结果完全一样，妞妞也笑起来。这时，丫丫爸爸走过来，说："其实我们任何人在闭上眼睛的情况下都不可能走直线的。"

"为什么呢？我很认真地走呢。"丫丫说。

"这是有数学原理的……"

人闭上眼睛走路的话，一般不可能走出直线，而是大致圆形轨迹的路线，这是由人的脚型大小和脚步的不对称造成的，一般来说，大多数人右脚比左脚的步子总是大些。

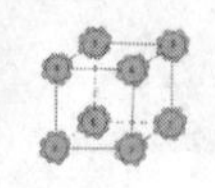

睁眼的时候，我们会根据眼睛里看到的参照物，不断地微调行走路线，使之成为直线。但闭上眼睛后，就是去了参照物，也不能发挥这种调节功能了，这时候，人们还总是觉得自己在走直线，就任由两脚自然向前，最后的结果是人却不由自主地往左偏移了。

人们在黑夜郊外走路，也非常容易走出一个大圆圈的路径，这就是民间称为“鬼打墙”的现象的真实原理，不光是人，这种现象同样发生在其他动物身上。

所谓“鬼打墙”，大家都知道，就是在夜晚或郊外，会在一个圈子里走不出去。这种现象首先是真实存在的，有很多人经历过。

那么这种现象是怎么造成的呢？其实数学已经有了明确的答案。

首先做一个实验，把一只野鸭的眼睛蒙上，再把它扔向天空，它就开始飞，但如果是开阔的天空，你会发现，它肯定是飞出一个圆圈。你不信，可以自己再试一下，把自己的眼睛蒙住，在学校的操场上，凭自己的感觉走直线，最后你发现你走的也是一个大大的圆圈。

总的来说，运动的本质是圆周运动。如果没有目标，任何生物的本能运动都是圆周。

为什么呢？ 因为生物的身体结构有细微的差别，比如鸟的翅膀，两个翅膀的力量和肌肉发达程度有细微的差别，是不对称

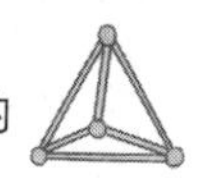

的；人的两条腿的长短和力量也有差别，这样迈出的步的距离会有差别，往往左腿迈的步子距离长，右腿迈的距离短，积累走下来，肯定是一个大大的圆圈，其他生物也是这个道理。

但是为什么生物能保持直线运动呢？因为我们用眼睛在不断地修正方向，也就是我们大脑在做定位和修正。不断地修正我们的差距，所以就走成了直线。

好了，说到“鬼打墙”了，这个时候肯定是你失去了方向感，也就是说，你迷路了。你的眼睛和大脑的修正功能不存在了，或者是给你的修正信号是假的，是混乱的，你感觉你在按照直线走，其实是在按照本能走，走出来必然是圆圈。

也有人在固定的地带，比如坟场，会遇到“鬼打墙”，这好像更神秘，其实这是因为这些地方的标志物，容易让你混

淆。人认清方向主要靠地面的标志物，但这些标志物有时候会造成假象，也就是给你错误的信息。这样，你觉得自己仍有方向感，其实也已经迷路了，当人迷路的时候，如果不停下来继续走，那么一定是本能运动，走出来是一个圆圈。

所以，万事其实都是有其内在道理的。据说，我们古代的风水术士，其实早就掌握了这个简单的科学秘密，他们在建造帝王的陵墓的时候，会运用这个规律，人为地布置一些地面标志物，让人很容易在此迷路，感觉遇到了“鬼打墙”。

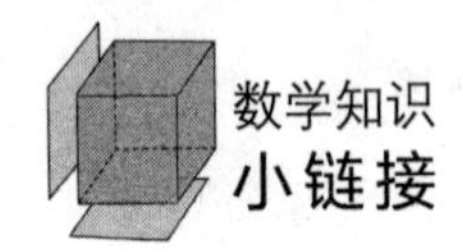

一个人走路通常会看好他（她）走路的方向，利用感官特别是眼睛来固定他（她）行走的目的地。倘若他不能利用他（她）的一双眼睛来指引他（她）的脚步，那么，他（她）要走直线就非得两脚跨出相等的步子，事实上，两脚跨出长度相等的步子是做不到的，所以，我们闭上眼睛就走不了直线。

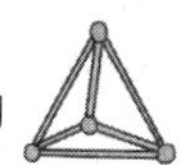

有趣的数学灯谜——你猜得出来吗

一年一度的元宵节到了，晚上，菲菲一家来到小城的河边，看到很多人在猜灯谜，其中有个数学灯谜的区域，菲菲比较感兴趣，拉着爸爸妈妈过去看。

菲菲看到一个谜面“20 ÷ 3 ”，她问爸爸：“你知道什么是谜底吗？”

“很简单，打一成语，‘陆续不断’呗。”爸爸说。

菲菲挠了挠脑袋，说：“啊，是哦，我老爸脑袋转得就是快。”

爸爸指了指另外一个谜面——12.0，打一古代名女。

“呃，十二点，什么意思，不知道呢？”

“古代玉环啊，十二点其实就是玉，后面是个‘0’，就是‘环’，也就是‘玉环’了。”菲菲赶紧拍手叫好，对爸爸的解释赞不绝口。

接下来，菲菲爸爸说：“数学灯谜其实很有趣的，但要猜得出来，必须要掌握一定的百科知识，还要对数学运用灵活呢。”

数学灯谜，大致分成四类：数字灯谜；算式灯谜； 数学术语谜；几何图形谜。

数字灯谜

数字灯谜，是利用数字或数学符号作为谜面，猜谜时需要根据数字的特性和符号的特征来得谜底的，从而帮助学生加深对数学符号意义的理解。

例1：一二三四五六七九十 字一 口

这则是利用数学中自然数按序排列作谜的，猜射时从谜面上的九个数字中发现“只”少 “八”，由“只少八”可得谜底“口”字。

例2：二四六八十 成语一 无独有偶

例3：一三五七九 成语一 无奇不有

这两则灯谜是根据数的奇偶性来猜射的。在数学中规定：凡能被2整除的整数叫做偶数，不能被2整除的整数叫做奇数，由此得出谜底。这两则谜语能够帮助学生理解记忆奇偶数。

例4：1000 成语一 漏洞百出

例5：1313 中成药一 复合B

以上两则是根据数字的拆离和数字的特点来制谜的。例4从 “1000”漏写一个“0”就到 “100”从而得出谜底“漏洞百出”，同时也教育学生在学习数学中必须严谨细致，不得马虎，否则就会“漏洞百出”；例5是根据分子、分母的位置来猜的，这可帮助学生对分数（式）的理解。

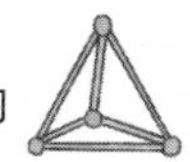

例6：＋－× 成语一 支离破碎

例7：12.0 古代名女 玉环

例8：（100）字一 弼

例6把“－＋×” 看成是“支”字分离破碎而得的；例7理解为“十二点”扣“玉”，“0”象形“环”。对于例8，有部分学生在数学解题中，把小括号写成<>，于是制此谜，意在帮助学生对小括号的书写的掌握。这里把小括号理解为弓形的部分“弧”或“弓左弓右”中间夹着“百”字，故得“弼”字。

算式灯谜

算式灯谜，是利用数学中的算式作谜面，通过运算或式子本身的意义来猜谜，它将运算结果反映到谜底，可以帮助学生提高运算的准确率，加深对数学算式的理解。

例9：2548÷4=？ 中药二 商陆 三七

例10：20÷3 成语一 陆续不断

这两则谜是用除式作谜面，例9通过计算可得商637，于是巧妙运用灯谜中的顿读即得“商陆、三七”，例10商是6.666……，这是一个循环小数。在数学中规定：一个无限小数的各位上的数字，如果从小数部分的某一位起，都是同一个或几个数字依照一定的顺序连续不断地重复出现，这样的无限小数就叫无限循环小数，简称循环小数。于是得成语“陆续不断”，这则帮助学生理解循环小数的含义。

例11：3 ×6=？ 玩具一（蜒尾）积木（十八）

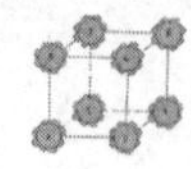

两数相乘的结果称为“积”，而“木”分拆即为“十八”。谜底“积木”运用蜓尾扣“积十八”，谜面谜底好似一问一答，饶有情趣。

例12：7÷8=？ 成语一 七上八下

例12是一求商的算术平方根的式子，结果是“七在上、八在下”，扣底“七上八下”，这则谜有效地纠正了学生在化去根号内的分母时，把分母的算术平方根写成分子的错误。

数学术语谜

数学术语谜，是利用数学名词、法则及数学术语等来制谜的，通过猜谜可以加深对名词、法则的理解和掌握。

例13：保留小数 数学名词一 整除

在数学中规定：数包括整数和小数。保留小数反扣即得“整数除掉”从而得谜底“整除”。

例14：负负得正 英雄人物一 王成

在数学中规定：“-”为负号，“+”为正号，“负负得正”即两个“-” 得“+”，即成“王”字，从而得底“王成”。这则谜可以帮助学生记住乘法中的符号法则，同时回顾英雄人物，进行爱国主义教育。

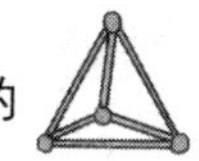

例15：此方程无解 俗语一 求之不得

这则灯谜帮助学生理解无解的含义。

几何图形谜

几何图形谜，是利用几何图形或辅以适当的文字作谜面。猜射时，根据几何图特征和位置，如圆、圈、框和格、圆心、三角等附加字，帮助学生认识几何图形等。

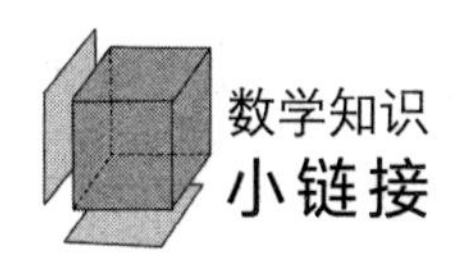

这里所说的数学灯谜，是根据数学符号、运算性质、法则等数学知识来隐谜的，它或在谜面上运用数学知识或在谜底揭示数学知识，有开拓智力之效，深受同学们的喜爱。

三只脚站得更稳——照相机用三脚架而不用四脚架

丹丹的妈妈是名专业摄影师，相机基本不离手，经常下班回来也是扛着相机，如果是一些专业摄影，还要带着三脚架。

最近，丹丹学习了三角和多边形，她突然产生一个疑问，所以这天晚饭后，她问妈妈："妈妈，我发现你拍摄时经常用三脚架，那为什么不用四脚架呢？"

妈妈笑着回答："因为三角形具有稳定性啊，四边形就不行了。"

"那三角形为什么有稳定性呢？"

"哈哈，你还真是打破砂锅问到底，你拿张纸来，我来给你证明给你看。"

照相机要用三脚架而不是四脚架，原理在于：不在同一条直线上的三个点，能确定一个平面，而且只能确定这一个平面，等于说，那个平面是唯一性的，只可能有一个，绝对不可以有第二个。照相机的三个脚便构成三角形的各个顶点，它们不在同一条

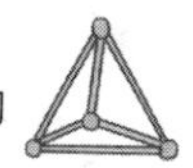

直线上，若按照上面的性质，这三点刚好构成了三脚架底面的唯一平面，三脚架上边的照相机便稳当地固定在这个平面上，因为是唯一的平面，照相机才不会晃动，不会影响拍摄的效果。

照相机若使用四脚架，就一定保证四个脚同时在一平面上方能稳定，这便要求地面十分平整，若地面不平，照相机便放不稳当。桌子、椅子与各种架子一般都是摆在室内，地面都很平整，但照相机可不一定全在屋内使用啊，有时还要在森林内拍照呢。那便不如使用三脚架了，三脚架对地面无要求，无论地面情况如何，照相机总能放得稳稳当当。这便是照相机使用三脚架的原因。

因为，相机需要被固定才能排好照片，不然成像容易模糊。而且相机一般都属于贵重物品，摔了心疼，所以我们要一个很稳定，而且在任何路面下都容易稳定的架子来撑好它！

那么接下来，对于菲菲的问题，我们可以用数学知识来进行证明：

（1）证三角稳定：任取三角形两条边，则两条边的非公共端点被第三条边连接。

∵第三条边不可伸缩或弯折。

∴两端点距离固定。

∴这两条边的夹角固定。

又∵这两条边是任取的。

∴三角形三个角都固定，进而将三角形固定。

∴三角形有稳定性。

（2）证多边不稳定：

任取n边形（$n \geqslant 4$）两条相邻边，则两条边的非公共端点被不止一条边连接。

∴两端点距离不固定。

∴这两边夹角不固定。

∴n边形（$n \geqslant 4$）每个角都不固定，所以n边形（$n \geqslant 4$）没有稳定性。

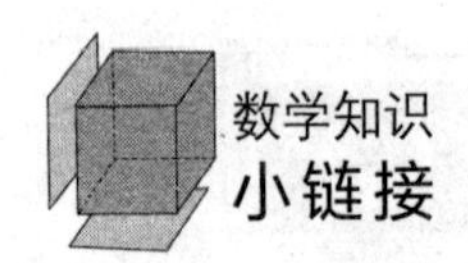

三角形稳定性是指三角形具有稳定性，有着稳固、坚定、耐压的特点，如埃及金字塔、钢轨、三角形框架、起重机、三角形吊臂、屋顶、三角形钢架、钢架桥都以三角形形状建造。

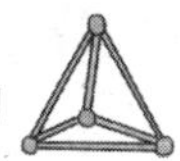

数学在建筑中的应用

小美的爸爸是做工程设计与测量的，尤其是对大型建筑的测量，所以对数字要求十分严谨，因为稍微有点误差，就会造成无法弥补的损失。

爸爸经常会和小美谈到自己的工作。最近，爸爸他们单位又承接了一个大型的公益场馆项目，爸爸也要参与这次工程的设计，爸爸告诉小美："不仅在我们实地操作实施的过程中运用到数学，在初期设计时也要用，比如工程的外形，如何设计符合建筑美，如何设计能省最多材料，如何设计抗震效果好，这些都涉及到数学。"

数学的发展与自然科学的进步有着密不可分的关系，建筑美学作为自然科学的一个分支，其发展变化同样依赖于数学科学的不断发展。最为突出的表现是，和谐是建筑美学与数学美共同的追求。生态建筑美学强调建筑美来自于和谐。但是，这种和谐指的是一种系统的和谐观，与其他建筑美学相比，它强调的是综合的和谐观，要求建筑体现系统和谐原则，而不像其他建筑美学所强调的只是和谐的一个方面。而数学美的最高追求也为和谐，并且，在数学领域，和谐的涵义本来就是宏观与微观的结合——大到整个数学领域以及内部的各个分支之间的和谐发展，小到分支内部定理与定理之间的丝丝入扣——都体现了数学系统的和谐。建筑学的未来在很大意义上决定于数学的发展，同样，建筑美学的发展变化也来源于数学带给我们的一个个惊喜。无论传统建筑学还是现代建筑学，都蕴含着数学美。

（1）传统建筑中的美学。传统建筑美学包括实用阶段和艺术阶段，在这两个阶段，建筑的审美要求从最初的居于次位发展到后来在建筑中扮演十分重要的角色，总体看来，其所依据的原则依旧为几何与数理的关系。随着毕达哥斯“万物皆数”思想、柏拉图立体以及欧氏几何的影响，比例系统被引入建筑之中。建筑师通过比例的造型作用来达到体现宇宙万物的和谐。从此，比例系统便成为建筑美学理论中十分重要的组成部分流传后世，在之后的两千多年间，它一直都是建筑美学的主流。“黄金比例”（也称“黄金数”“黄金分割率”“黄金分割”）就是和谐比例关系的其中之一。可以说，数学美即为传统建筑美学精髓的全部。

黄金分割又称黄金律，是指事物各部分间一定的数学比例关系，即将整体一分为二，较大部分与较小部分之比等于整体与较大部分之比，其比值为1：0.618或1.618：1，即长段为全段的0.618，0.618被公认为最具有审美意义的比例数字。黄金分割律的确切值为（$\sqrt{5}-1$）/2，即黄金分割数。它在造型艺术中具有

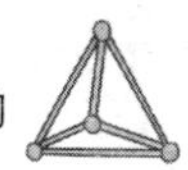

美学价值，在工艺美术和日用品的长宽设计中，采用这一比值能够引起人们的美感，在实际生活中的应用也非常广泛，建筑物中某些线段的比就科学地采用了黄金分割。比如，举世闻名的法国巴黎埃菲尔铁塔、当今世界最高建筑之一的加拿大多伦多电视塔（553.33米），都是根据黄金分割的原则来建造的。加拿大多伦多电视塔，塔高553.3米， 而其七层的工作厅建与340米的半空，其比为340∶553≈0.618。

（2）现代建筑中的数学美。广义来说，除去建筑美学的前两个发展阶段，之后的四个建筑美学的发展阶段都可以涵盖于现代建筑美学的范畴。因为在这个时期，在建筑学领域之中，伴随着工业革命及世界经济的大发展，建筑的审美观发生了翻天覆地的变化。在数学领域，微积分以及非欧几何的出现改变了人类观察世界的方法，相对论的诞生更是给人们的空间概念加上了时间的维度。建筑学领域也由此面临着空间观念、美学观念的转变。建筑中机器美学、空间美学的出现以及在三维空间加入时间这个第四维因素的考虑都成为数学带给建筑学领域的新发现。现代建筑美学思想的特点是尊重客观因素的科学分析，如基地环境的处理、现代功能的满足、新材料技术特点的体现、新手法的运用。从现代建筑美学思想的特点，我们可以看出，在现代建筑学审美要求的各个方面之中无不渗透着数学思想的影响。

（3）数学与建筑的结合。建筑，只有数与形结合，才更具有神韵。当你在欣赏一座跨海大桥时，其实是在不知不觉中惊叹大桥的静定多跨结构中包含的数学和自然融合美的成分。千百年来，数学已成为设计和构图的无价工具。它既是建筑设计的智力资源，也是减少试验、消除技术差错的手段。比例、与比例相关的均衡、尺度、布局的序列都是构成建筑美的要素。和谐的比例和尺度是建筑结构呈现自然美的基本条件。比例的均称与平衡，圆形的对称和和谐，曲面的柔软与变幻，总能不断地启发建筑师创造出更具和谐美和雅致美的建筑。

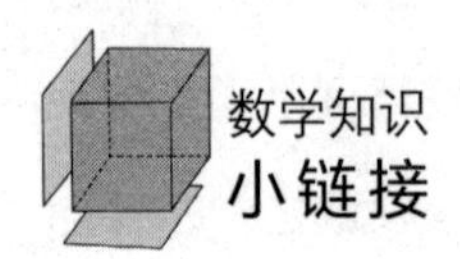

我国的故宫建筑中有不少黄金比例的存在。当人们沉醉于紫禁城璀璨的建筑时，一位老人用一把皮尺，把辉煌的宫殿变成一组枯燥的数字。这位名叫傅熹年的建筑史学家，对紫禁城的院落面积和宫殿位置进行了测量。他测出太和门庭院的深度为130米，宽度为200米，其长宽比为：130：200=0.65，与0.618的黄金分割率十分接近。

参考文献

[1]史蒂夫·维．数学就是这么简单[M]．曾侯花，译．贵阳：贵州教育出版社，2010．

[2]韩垒．我的第一本趣味物理书（第2版）[M]．北京：中国纺织出版社，2017．

[3]邢书田，马慧，邢治．我超喜欢的趣味数学书[M]．北京：电子工业出版社，2012．

[4]刘晨．趣味数学[M]．北京：北京联合出版公司，2015．